公共艺术创作
与景观设计的融合研究

唐 艳 ◎ 著

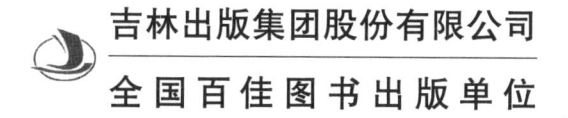

吉林出版集团股份有限公司
全国百佳图书出版单位

图书在版编目（CIP）数据

公共艺术创作与景观设计的融合研究 / 唐艳著. -- 长春：吉林出版集团股份有限公司，2022.5
ISBN 978-7-5731-1489-1

Ⅰ．①公… Ⅱ．①唐… Ⅲ．①艺术创作－关系－景观设计－研究 Ⅳ．①J04②TU983

中国版本图书馆CIP数据核字(2022)第070118号

GONGGONG YISHU CHUANGZUO YU JINGGUAN SHEJI DE RONGHE YANJIU
公共艺术创作与景观设计的融合研究

著　　者	唐　艳
责任编辑	田　璐
装帧设计	朱秋丽
出　　版	吉林出版集团股份有限公司
发　　行	吉林出版集团青少年书刊发行有限公司
地　　址	吉林省长春市福祉大路5788号
电　　话	0431-81629808
传　　真	0431-85629812
印　　刷	北京昌联印刷有限公司
版　　次	2022年5月第1版
印　　次	2022年5月第1次印刷
开　　本	787 mm×1092 mm　　1/16
印　　张	9.75
字　　数	189千字
书　　号	ISBN 978-7-5731-1489-1
定　　价	58.00元

版权所有·翻印必究

前 言

21世纪的今天,在这个多民族多文化的地球村里,景观设计早已成为各国发展、宣传的重要手段,各国之间比拼的正是"城市之美"和"文化之韵"。这个发展方向上的变化使得城市自身开始将艺术和美术作为目标,公共艺术也不得不从美术领域步入城市这个新舞台。一场以世界环境问题为开端的"城市文艺复兴"在全球掀起,并围绕着政治、经济、历史、文化等诸多问题与矛盾展开。

当下,我国城市环境的建设正紧跟世界城市发展方向,公共艺术也随之提升到了前所未有的多元化局面。公共艺术作为公共化的视觉艺术文化教育建构,发挥着城市创新建设的重要角色。在视觉阅读时代和城市化建设的大背景下,公共艺术开始步入我们的视野,成为城市建设中极富亮点的新兴环境艺术形式。随着国家着力发展城市公共艺术教育以及设计艺术专业人才不断适应社会发展需求,公共艺术在城市环境中变得无所不在,它表现在城市文脉、环境品质、社会精神等方方面面。公共艺术与景观设计的融入势在必行。

在我国,公共艺术是一门新生的、极具魅力和有潜力且又争议不断的学科。在它的概念里充满了浓厚的社会学和文化学色彩,它与建筑、环境相融会,在相互的知识体系中形成多个交汇点,具有极大的研究价值和空间。

由于笔者学术能力有限,书中难免存在不妥之处,恳请同行业的各位前辈、同人以及广大读者给予批评和指正。

目 录

第一章 公共艺术的概念 ·· 1
    第一节 公共艺术的定义 ·· 1
    第二节 公共艺术的指向 ·· 3
    第三节 公共艺术的演变与发展 ·· 11

第二章 景观公共艺术设计的基本理论 ·· 28
    第一节 景观公共艺术的含义 ·· 28
    第二节 景观公共艺术设计的目的与意义 ····························· 30
    第三节 景观公共艺术设计的原则 ······································ 41
    第四节 景观公共艺术的构成要素 ······································ 56

第三章 景观公共艺术设计与城市空间 ·· 67
    第一节 景观公共艺术设计与城市空间的内在联系 ················· 67
    第二节 城市景观环境设计分类 ··· 71
    第三节 景观公共艺术设计的空间性质分类 ························· 96
    第四节 景观公共艺术设计的价值倾向 ······························· 109

第四章 城市景观中公共设计的基本原理与流程 ······························ 118
    第一节 城市公共艺术设计的基本原理 ······························· 118
    第二节 城市公共艺术设计的必需流程 ······························· 121

第五章 城市公共设施的新颖设计 ·· 124
    第一节 城市照明设施的创新性设计 ·································· 124
    第二节 公交站台多变性设计 ·· 127
    第三节 城市座椅与垃圾箱的协调性设计 ····························· 127

第六章 城市公共空间环境分类设计 ··· 129
    第一节 城市公共空间环境设计方法 ·································· 129

第二节　城市公共空间环境设计的创新 ······ 131

　　第三节　公共艺术设计与环境相融合 ······ 134

第七章　城市公共艺术需求专题设计 ······ 136

　　第一节　城市公共雕塑分类设计 ······ 136

　　第二节　城市公共壁画的创新设计 ······ 141

　　第三节　城市公共装置、装饰合理设计 ······ 144

参考文献 ······ 149

第一章 公共艺术的概念

第一节 公共艺术的定义

"公共艺术"一词在中国出现得较晚,即便是在社会迅猛发展的当下,公共艺术仍然是一个极具魅力和潜力且又争议不断,难以论清的新生事物;也有一种看法视公共艺术为一种概念、一种意识、一种文化现象;更有学者认为公共艺术涉及众多学科、众多行业,并不能以一门独立的学科存在。

将"公共艺术"一词分解开来看,"公共"有公共、民众之意;"艺术"则指人对社会生活、精神需求的意识形态表现,也可理解为审美技能、审美精神与物质材料相互作用下的创造性劳动。因此,艺术又是人的意识形态和生产形态有机结合后的产物,它的创造过程是一种精神文化的形成过程。"公共艺术"一词从字面意思来看,意指公共、开放、大众化的艺术,也有人把公共艺术单纯地理解为公共空间里的艺术。实际上,"公共艺术"和"公共空间里的艺术"并非同一事物,两者存在着本质区别。"公共空间里的艺术"意指放置在公共场所里的艺术品,20世纪70年代之前,"公共空间里的艺术"更多是指设置在公共空间里的雕塑品,它是以建造环境景观为目的而产生的,其作用在于修建城市风景,使城市环境更加美观,而"公共艺术"的含义并非如此简单。

2004年10月,"公共艺术在中国"学术论坛于深圳召开,此次论坛由深圳市美术家协会主办,共有19位来自全国各地的从事城市计划、建筑、雕塑、环境艺术和文化理论研讨的学者依据论坛拟定的研讨课题提交了论文,并从不同的视角和层面分别对公共艺术做出定义。

①公共艺术是一个具有浓重社会学与文化学的概念,而非纯艺术的概念。

②公共艺术不是某种具体样式,而是代表艺术发展的一种文化现象。

③公共艺术是场合艺术文化,是公共空间里的艺术,场合的性质决定着公共艺术的性质和表现方法。

④公共艺术的核心,必须是"艺术"的,不能将其泛化为公共环境中的一切。

⑤公共艺术绝非只是产生在公共场合或公共空间的艺术,公共场合或公共空间仅仅是公共艺术产生的必要条件,"公共性"才是公共艺术的要义和灵魂。

⑥公共艺术要解决的不是美化环境,而是社会的问题;它所强调的不是个人的风格,而是最大限度地与社会大众之间的沟通、交换和共享。

从上述关于"公共艺术"概念的不同层面、不同视角上的阐述可以看出,公共艺术有两个必要的存在条件,其一公共空间,其二公众参与。也就是说：一方面公共艺术作品的设置场所必然离不开公共空间。另一方面,城市中的公共艺术最初是以人的交往需求为核心而展开对空间的体验和审美的,出现在公共空间里的艺术品,如果缺少公众的参与,也不能算作公共艺术。可见公共艺术离不开三个基本要素,即开放的公共空间、公众的参与和设计师的人性化设计,其中公众参与是最为核心的要素。若想反映公众需求和实现公共利益,需要决策方与民众之间反复地交流和沟通。设计师在此过程中应起到专业引导疏通的作用,总结分析各方要求,协调各方关系,以使公共艺术作品得以在开放空间中运作、实现。

从国际上近半个多世纪以来不同国家和地区中的公共艺术实践中可见,当代公共艺术的国家政策、法规、文化观念及实施方法均有所差异。但其主要特性在于运用政府的经费和社会资源去建设有利于社会公众的精神和文化生活的艺术项目,重在强调和倡导艺术的社会性、全民性以及公共参与性和文化福利性。可见,除上述三个基本要素之外,政府机构的支持与辅助也是公共艺术得以实现的重要因素。对于我国而言,公共艺术在建设制度政策上还处于摸索阶段。

王洪义先生在《公共艺术概论》一书中把公共艺术的概念界定为狭义和广义两种：狭义的公共艺术是指设置在公共空间中能符合民众心意的视觉艺术,如雕塑、壁画、广告设计、建筑、景观小品、城市家具等;广义的公共艺术,是指私人、机构空间之外的一切艺术创造与环境美化活动,如场馆展览、音乐演出、迁移计划、商业文化展示等。

而马钦忠先生对于概念上的狭义广义之分,在《公共艺术基本理论》一书中又有如下阐述：从公共艺术概念的内涵(狭义)方面说,它更多与传统意义上的城市雕塑和公共空间的文化界定紧密相关;从外延(广义)方面说,它又与城市设计、景观设计、城市生态环境、城市风貌特征以及城市建筑、城市规划紧密相关。过分地狭义化,会使公共艺术不能涵盖它所具有的当代意义,从而背离它本身鲜明的当代城市建设的实践特征;而过分宽泛,又会流于无边无际,最后的结果是城市公共空间的任何设计行为都成为公共艺术。

鉴于此，本书从广义概念上来探讨解析景观公共艺术理论，而在设计实践环节中则更多地倾向于它的狭义概念。这样的合理划分将有助于我们对公共艺术的理解和在设计方法上的掌控。

第二节　公共艺术的指向

公共艺术除了所具备的艺术性之外，还有两个重要属性，即公共性和场域性，它们是衡量公共艺术标准的重要属性。

一、公共艺术的权力指向

公共艺术如何"公共"，其中有着它特定的界定标准。之所以被称为公共艺术，是由其权利属性和社会目的决定的。它有别于政治意识形态派生的艺术，有别于精英派和自我个人化的艺术，也有别于纯粹商业目的的功利艺术。这说明公共艺术具有一定的社会属性，即公共性。所谓公共艺术的"公共性"，并非指一种放之四海皆准的文化认同或统一的价值诉求。一方面主要是指经由社会公众参与的，依据或针对特定地区社会问题和需求而形成的公众舆论的关注及公开的社会反应。它们包括公众社会对艺术介入公共空间的动议的形成、表现形式、文化内涵以及对社会人文环境、生态环境影响的评估方法和程序；也包括鉴于公共艺术的实施过程对公众社会的影响和作用的公开评价，其内容范围可能涉及对公共社会的公共精神、环境品质、生态关系、公民素养及审美文化取向等方面的审视和讨论。另一方面，由于现代城市和人口的不断扩张，居住、工作方式及网络通信的急剧变化，传统概念的城市公共空间已经无法满足和承担起方便公众交流的使命，而通过艺术智性的、包容性的随机介入，却可能创造出更多可供人们相遇、相谈的机会与空间。其间，一些艺术作品或许本来不是特地为公共空间设定的，并带有某些属于私域的性质，但由于它在开放空间的出现而引起观众的关注并引发人们对公共性问题的关注或质疑，那么，它便同样具有了某种艺术的"公共性"，起到了营造或"激活"公共空间的客观作用。

当然，公共的参与条件除了城市环境中的开放空间，还要求公民具有相应的公共精神。可以说，公共精神是公共性的价值核心。当公共性被作为目标确立起来时，内在于公共性意识形态内部的公共理性从本质上来说主要发挥的是一种道德力量，以确保公共性意识形态内部不同方面对公共性主题的坚持和拥护。这样一个特性在人们的日常公共生活实践中集中表现为某种受社会普遍认同的精神，这种精神的根本意义在于使有着特殊利益的不同个体能够积极超越只关心自我利益的个人本能，而能够从公共利益的角度给予社会和国家以最大可能的关心和支持，甚至为了维护公共利益而对自我利益做出适当和必要的牺牲。当然从社会的长远发展来看这种牺牲和个人利益的维护实际上是一致的，我们把这种精神称为公共精神，它是公共性意识形态在社会中存在的具体化形式。因为公共生活从根本上来说是对诠释私人生活的超越和提升，人作为社会性的存在是无法拒绝公共生活的，认同公共生活的价值和意义就等于是承诺维护公共利益，为了维护公共利益就必须有一定的公共精神予以支持，否则这种维护就成了对私人利益的纯粹损害。

由上述内容可见，公共性的权力指向即公众，我们可以通过开放度、参与度、受容度三方面来界定公共艺术的权力指向标准。

（1）开放度。开放性的场所空间一般分为自然的开放空间和人为的开放空间。在都市中，自然性的开放空间较少，如果一个城市具有自然的开放空间，如河川、湖泊、山坡、丛林等，那将是十分珍贵的资源，应极力维护，在不破坏自然资源的前提下进行开发，善加利用。在一般的都市中，人为的开放空间居多，如广场、公园、人行道、街面、车站等。尤其是广场、社区和公园，都是一个城市重要的不可缺少的开放性场所，提供了市民室外活动及公共社交的空间、休憩与交流的区域并消解了都市高密度居住环境造成的压抑感，以满足人类最基本的空间需求。

开放性空间是市民社会的产物，它与私密性、封闭性相对立，是在民主、开放的公共领域中获得认可的。

开放度所指的是公共场所在物理环境开放和精神层面开放的程度。首先，公共艺术作品所设置的场所必须是公开、公共、可供人自由介入的场所。场所的开放度越大，身在其中的公共艺术作品所体现的公共性越强。其次，公共艺术作品应该最大限度地贴近社会民众，与民众建立起一种平等共享、沟通交流的关系，尽可能地表达民声，顺和民意，而不是那种高高在上、飞舞张扬的个人艺术彰显和垄断。开放度要说明的是公共艺术和公共环境对每一个公民自由独立，享有政治、经济、文化权利的认定和尊重，也是对每一个社会个体的自由思想和独立人格的确定和尊敬。

当然，城市空间开放度的大小是相对而言的，我们可从两个层面来界定开放性空间的最基本的开放度标准，以求建立一个平稳和谐的高品质的环境空间。第一个层面是维护健康的环境品质，其必备的条件是需要"最基本的空间"。第二个层面是创造有归属感的开放空间，使人能获得欢愉，体会到环境最基本的优美感、季节感、自然感及生命感。

对城市空间中的公共艺术而言，它在表现形式上的开放度受天时、地利、人和三方面的制约。其一，作品必须与时代同步，无论在整体设计或作品造型方面都应具有现代人认同的时代特征和时代精神。其二，在空间上强调作品与周围环境的互动关系。公共艺术作品与单纯的架上作品不同，应有一种空间上的开放形态，并与环境相融、相合，以满足多视角、多层面的观看要求。其三，在作品与人的关系上，环境意识与公共性是确认作品的重要因素。从环境的认识角度和作品审美的公共性角度来看，都要求作品的形式必须是面向大众、充分开放的。

（2）参与度。公众是公共性的载体，也是公共艺术存在的核心要素。公共艺术的开放度在改变公共空间权力秩序的同时也唤醒了公众对公共空间的参与意识，公众的参与热情和水平决定了公共艺术的实现程度和成熟程度。随着城市化建设进程的加快，放置在公共环境里的公共艺术品无形中走进了普通百姓的视野，在日常生活中与他们朝夕相伴。加之民众文化素养、民主意识、生活条件、精神物质需求的日益提升，普通百姓也开始关注起公共环境里的艺术品，并对如何在公共空间里放置艺术品展开评说，渴望对公共艺术的设置问题拥有发言权。

以日本为例，从最初民众对城市环境开发政策的不满，到理性协商，合作参与的转变，再到政府对公众参与所积极采取的扶持政策，在日本公共艺术实践过程中，逐步体现了对公众权利尊重的实现；同时，公众自身素质和文化艺术水平也得到了提升。日本的公共艺术工程属于城市规划的一部分，在日本城市规划的发展过程中，一开始公众并不是顺利介入的。日本城市规划公众参与的发展历程，从社会环境的变化来看，政府与个人、社会的关系发生了十分深刻的变化。对于参与的主体公众来说，他们既是需求者，也是使用者和评价者。这就需要方案执行方尽可能地尊重民意，为民众创造参与方案决策的机会，提高民众的参与度。

公共艺术作为公共环境里的艺术，它的价值和意义直接体现在民众的参与度上。公众的参与方式是多样的，不仅可以对公共艺术的结果进行参与，也可对实施过程进行参与。公众与设计师、公共艺术作品三者间的良性互动正是推动公共艺术发展的关键。

公共艺术的市民参与不论形式如何，其要旨在于：其一，借此扩大公共艺术设置之影响力、延伸公共艺术设置之效果；其二，借此传递理念、交流艺术认知、提供深刻艺术经验或教育市民；其三，尊重市民、取信于社会大众。其实，市民参与并非将公共艺术设置过程中的许多决定权直接交予民众，伴随参与的通常有市民美学讲座、讨论会、公开展示会、地方文化认知与取向问卷，乃至创作研习班等。

可以说，观众和艺术家的互动是公共艺术作品的重要延伸，也是它的组成部分。观众对作品的反馈意见，成为检验公共艺术的一个重要指标。这种互动性的另一个意义表现在公共艺术的结果是开放的，它的检验方式是在互动中完成的。社会公众才是作品成功与否的最后评判者，只有在互动中，在与观众的接触中，作品的意义和对作品的评价才能最后完成。

与此同时，公共艺术的尺度、内容、形式也影响着人们的参与度，三者的关系是相互联系和作用的。例如尺度夸大，但形式内容富有新意和情趣，也会受民众的认同。尺度合理，但形式张扬，内容难懂，也仅仅会成为人们倚靠或坐卧的环境设施而已，缺乏本应该具有的艺术价值。所以只有合理地考虑尺度、内容、形式三者的关系，才能最大限度地发挥公共艺术的价值作用。

我国当前的景观公共艺术的塑造，不仅是一个环境塑造与重构的过程，而且是一个各方面利益互动的过程。公共艺术项目运作涉及城市中各方面的切身利益，往往受各方面的广泛关注，政府、开发商、策划人、设计师、艺术家以及公众等多股力量交织在其中。在这些力量中，政府拥有行政上的权力，开发商拥有资金上的优势，策划人、设计师、艺术家拥有学术和技术上的权威，相比之下，市民则处于被动的地位。

在市场经济条件下，我国城市景观公共艺术项目运作中，政府与开发商的优势地位明显。一种情形是开发商在开发中，往往只注重经济利益，而忽视其他因素。政府相关部门为了完成业绩，对开发商的行为采取迁就态度。另一种常见的情形是，政府一手操办，拒绝其他部门介入。在这两种情况中，项目策划人虽然很少具有决策方面的主导权，但在具体的规划设计中也能将自己的好恶带入规划设计方案，从而产生一定的影响，而市民却很少有机会参与其过程。

目前，国内公众参与城市景观构建现状体现在以下几个方面。其一，参与的自发性较多，制度性较少。公众参与性最为重要的环节在于必须有法律法规的保证，使参与行为有法可依。公众参与是城市公共管理方面的一项重要制度，指导原则是凡是生活受到某项决策影响的人，就应当参与那些决策的制订过程，同时有相关的法律法规给予保证。而我国目前缺乏公众参与的制度性渠道与法律依据，自发的参与也多是"事后性"的。即规划方案与公众利益发生冲突后，居民为维护自身利益，自发地组织起来同有关部门交涉。这种"事后性"的参与，不仅不利于问题的解决，还可能干扰有关部门的正常工作，造成更大的问题。

其二，参与中低层次的多，高层次的少。公众参与的范围应当遍及公共艺术运作的所有步骤，每个步骤都应当给公众参与的空间。但目前我国公众参与的范围较窄，在运作过程中，参与范围仅限于调研与论证这两个低层次，即使是这两个层次，也往往是象征性的。调研很大程度上是在走过场，调研问题带有较强的主观性且范围较窄。论证也多是流于形式，因为论证虽体现民主原则，但论证的参与者中往往当事人的比例过小。而且长期以来，由于规划设计部门与广大群众的隔离，公众对公共艺术规划设计的认识水平也不高，知识也较缺乏，因此参与的范围往往局限于一房一地，多是涉及自身利益，而对一些涉及公共利益的部分缺乏参与，因此总体参与效果不佳。

其三，参与过程封闭性的多，开放性的少。方案策划与实施涉及城市空间格局的重构、城市区域面貌的调整、居民生活环境的改善等问题。直接或间接关系居民的物质利益与精神情感利益，因此公众对其参与热情较高。但现状是公众虽有热情，却苦于无门。长期以来，所有城市建设与更新活动都是在封闭系统下进行的，是政府与城市规划建设管理部门的内部之事。近年开发商的介入，虽然一定程度上改变了这种封闭状态，但就广大市民而言，仍是鲜有渠道介入其中。

（3）受容度。"受容"一词源于日本，意指接受、容纳、顺应。此词多用于感觉、意志、文化等方面，也可理解为受容力、受容量。当一件公共艺术作品无论从视觉形态还是心理感受上都能得到公众普遍的接受和认同，可以说这件作品就具有了一定的容力和容量，说明它所承载的内容和它背后的意义是丰富而深远的，能够得到一定程度的受众欢迎。受容度是提升参与度的关键，具备强大的亲和力，才能将周围的人从观赏者转化为参与者，感召到作品身边，从而发挥出更大的意义和价值。

民众对公共艺术的受容度往往体现在对作品所具备的艺术性、文化性、趣味性和功能性的认知上。诸如艺术性所体现的平民化、通俗化、个性化；文化性所体现的人文历史、生活时尚、社会经济、环境生态；趣味性所体现的意识创新；功能性所体现的娱乐、休憩、共享交流等，在此原则上最大限度地满足大众精神所需，生活所系。发自内心地喜爱和认同身边的公共艺术，才会主动地介入和参与其中。这说明受容行为往往作用于参与行为，受容与否直接影响着公众的参与效果。

美国当代雕塑家汤姆·奥特内斯以独到的艺术形象诠释出充满趣味、诙谐、隐喻的，而且是符合大众审美情趣的作品。面对成年人，他将创作视角投向和日常生活紧密相关的社会经济题材，以可爱的卡通人物形象表现敏感、沉重的商业话题，轻松幽默中嘲讽、揭露生活的现实，引发观者的反思和共鸣。而面对孩子，他创作了关于童话题材的人物形象，用童趣和爱心去对话身边的小观众。因此，他的公共艺术作品得到了民众的喜爱和认可，"一个普遍意义上的大众"是他创作作品之前首先要想到的问题。时刻想到自己要面对的是民众，这样创作出的作品才会具有强大的受容力。中国台湾雕塑家朱铭的《人间》系列作品所呈现出的面貌则更加平民和通俗。朱铭通过敏锐的洞察力和细腻的情怀，创造出人世间的众生相,深刻地表达了现实生活中细致入微的情节和片段。而作品的材料采用木雕着色,木材作为软质环境元素更易与环境融合,并更加贴近日常生活。

但有些时候并不是说实现了人的参与行为就表明同时也实现了人的受容。在特定的场合,人们对不喜欢不认同的公共艺术作品,也会介入参与其中,这种情况往往是场所的限制所导致的。例如在一个区域中,仅有一处市民活动广场,在这个广场中央或外围设置一些与大众审美相悖的艺术作品,即便这样,市民仍会在此活动,因为此处是他们唯一便利的活动场所,并不是说受公共艺术品的影响,他们就会停止娱乐活动。可见受容度是环境心理的范畴,在接受公共艺术作品的同时,人们会更加接受所在的环境。深入人心的公共艺术作品往往会使它所在的环境更加亲和,使人们自发积极地参与其中,从而带动起更加丰富多彩的社区生活。

二、公共艺术的环境指向

(一)环境的尺度

公共艺术作为公共空间里的艺术,主要载体是环境。没有了环境,公共艺术作品便失去了安身之处,更谈不上设计。景观规划设计中,对环境有三个基本尺寸的界定,依照这三个尺寸可以把城市环境划分成三种基本类型,分别是空间、场所和领域。空间(Space)是由三维空间数据构建出来,通过人的生理感受加以界定的;场所(Place)是由空间界面组合构建起来的,它不如三维空间严密精确,通常是通过人的心理感受加以界定的。以社区的宅间庭院为例,庭院中的喷水池、滑梯、秋千、连廊、花园等都属于空间,我们可以把它们理解为亲水空间、娱乐空间、休憩空间、观景空间。人们接触和使用它们,从而感知它们的功能价值。而涵盖这些空间区域的整个宅间庭院就是一个场所的概念,庭院作为社区中的一处供居民日常休闲、娱乐的场所,它给人的印象是宽泛的、概念性的,靠心理去感知的,没有空间那么具体、翔实、令人感同身受。相比空间和场所,对领域(Domain)的空间界定则范围更为宽广,通常以精神层面来加以量度。

1. 空间尺度。20~25m 的空间,感觉较为亲切,人们可以自由地进行交流,多为家人、朋友、同事的关系。因为一旦超出该尺度范围,人们便难于辨清对方的脸部、表情和声音。而且 20~25m 的区间是创造景观空间感的最佳尺度。

2. 场所尺度。据有关洞察和视觉测试得出,距离一旦超过 110m,肉眼就认不出对方,只能辨出大略的人形和大致的动作,这个尺度就是我们所说的广场尺寸,即超过 110m 之后才能产生广阔感,此为形成景观场所感的尺度。

3. 领域尺度。如果超出 390m 左右,在通常情况下,就会使得人的肉眼很难看清对方,有一种深远、宏伟的感觉，我们将超出390m的尺度作为形成景观领域感的尺度。

空间、场所和领域三者给人的感觉是不同的。因而设计的时候就要根据不同的空间特点进行考虑。如建筑设计、景观艺术设计的边界界面多以空间或场所为基准，而城市规划、景观规划的边界限定则要以领域或场所为基准。

另外，0~0.45m是一种比较亲昵的距离（当然各国与各民族心理、文化不同，这一距离亦有差别）。0.45~1.30m为个人距离或私交距离，其中0.45~0.60m一般处于思想一致、感情融洽、热情交谈的情况之下，0.6~1.3m是一种不自觉感官感受逐渐减少的距离，因而这一距离的下限就是社交活动中无所求的适当距离。3.00~3.57m为社会距离，指和邻居、朋友、同事之间的一般性说话距离。3.57~8.00m为公共距离。大于30m的为隔绝距离。

以上所述的尺度无不作用于现代景观的分析、评价、规划和设计之中，对景观公共艺术设计的作用是同等重要的。因此，景观公共艺术最直接的环境指向就表现在它所在的环境尺度，以及它与环境之间的尺度比例关系上。

（二）环境的场域

从另一方面来看，景观公共艺术并非孤立存在的，它与所在的空间环境是相互联系，并以一种对话关系呈现出来的。景观公共艺术并不具有通用性，要依据特定的城市、具体的区域环境来设计与之相适宜、匹配的作品。这就让我们不得不关注一个问题，就是公共艺术所在空间环境的场域性。

场域性作为公共艺术的属性之一，所呈现出的并不仅仅是环境场地的物质属性。

"场域"一词源于场域理论，该理论是德裔美国人心理学家库尔特·考夫卡所研究的社会心理学的主要理论之一，是关于人类行为的一种概念模式。总体而言是指人的每一个行动均被行动所发生的场域所影响；而场域并非单就物理环境而言，也包括他人的行为以及与此相连的许多因素。考夫卡认为面对一处环境，观察者所感知到的东西称作心理场域，促使观察者有所感知的现实环境被称作物理场域。一方面每个人对同一环境会有不同的印象，所感知到的心理场域也有所不同；另一方面，环境的物理场域也会对人的心理场域产生影响，这说明人在环境里的心理活动往往是物理场域和心理场域共同发生作用的结果。

他还指出环境可分为物理环境和行为环境两个方面。物理环境就是现实的环境，行为环境是意想中的环境。行为环境在受物理环境调节的同时，以自我为核心的心理场域也在运作着，这表明心理活动是一个自我、行为环境、物理环境三者相互作用的过程。

在英国卡迪夫市的"吟游诗集会"花园中有这样一个女孩的青铜雕像。雕像等身大小，表现了一个小女孩内心深处的忧郁、恐惧与期待。女孩双手抱膝蜷缩在路边，迷惘的眼神和蜷缩的身形让观者不难感受到一股伤感的氛围笼罩在四周。这件作品触发人们不禁去猜想到底是什么使女孩如此不安，同时在不经意间又会回想到自己的童年经历，审视自身的内心世界，面对未知的未来引发许多想象和思考。不知在大人眼中，孩子们对未来的想象会是什么样子，或是因好奇而充满期待，或是因迷惘而充满恐慌，该作品无疑是以具象手法展示人类内心深处的谜题。这样的作品不免迎合了英国人特有的伤感情怀，与这座花园的内在含义相得益彰。此外，这件作品又在潜移默化中暗示人们应该多关注青少年的内心世界。

环境的物理场域和人的心理场域该如何形成，是公共艺术场域得以实现的关键。这需要设计者充分了解掌握特定区域环境的状况，如社会政治、经济、历史、文化、民生民情以及作品所在场地概况、季候等因素，从中挖掘提炼出与之相关的元素，建立起和环境互动对话的必要条件，针对特定地域和场所的特定问题、状况进行作品的设计实施。关于公共艺术场域的讨论一般都是从作品与地域场所的针对性展开的，而孙振华先生在《公共艺术的观念》一文中强调了时间与场域的关联性。他认为时间也是形成公共艺术作品与特定地域和场所对话关系的要因。公共艺术成功与否还在于它是时间的产物，它的成败是由时间决定的，公共艺术通过在特定空间与城市的不断对话，与城市居民的不断对话，慢慢具有了它的魅力。所以，公共艺术不仅是艺术家创造出来的，更是时间创造出来的，它的意义也是时间不断赋予的。孙振华先生以位于深圳市政府前的公共雕塑"孺子牛"为例，阐明这件作品的重要意义并不在于作品是如何被出色表现的，而在于作品与这个城市精神的关系问题。在与这个城市的对话中，时间赋予了"孺子牛"越来越丰富的东西，使得这个城市接受了它，孺子牛得以成为深圳无可取代的城市地标。

在日本鸟取县北荣町的町立图书馆门前设有一尊名曰"工藤新一"的雕像。这尊雕像的人物出自畅销漫画《名侦探柯南》中的主人公形象。雕像戏剧性地背靠着门柱，尺寸等身大小，神态身姿惟妙惟肖，和整个图书馆外环境融为一体，深受当地市民的喜爱。北荣町还有一座柯南大桥，在桥头和桥栏处分别设有多个该漫画主人公的青铜雕塑和浮雕，形成了别具一格的大桥景观。此外，地面上的井盖图案、路灯杆上的装饰物、宣传海报等都是以该漫画的主人公为造型设计的。更重要的是鸟取县北荣町这处名不见经传的小乡镇正是《名侦探柯南》的创始者青山刚昌的出生地。作为"名侦探柯南的故乡"，当地民众以此为荣，卡通主题公共艺术在装扮点缀环境的同时，与当地的现实环境和市民的心理环境发生着紧密联系，使得北荣町充满了浓厚的地域文化特色，形成了巨大的场域作用，这里成为不少柯南迷的必游之地。景观公共艺术为这里带来了可观的旅游观光收入。

场域是环境氛围和环境特征给人所带来的一种心理环境，是人对环境所产生的心理感应。这种心理环境对人来说是最亲近的环境。通过人在环境中的体验和感知，以便达到人与环境的对话，并以此建立起新的关系。

第三节　公共艺术的演变与发展

一、公共艺术的缘起

市民社会是公共艺术的存在基础，这说明公共艺术是在一个开放自由、交流共享的社会环境里酝酿形成的。

公共艺术发展到今天，是一个漫长而迭变的过程。无论是西方还是东方国家，悠久的历史都曾为后人留下丰富的艺术文化遗产，这些存留在公共空间里的艺术品多以磅礴壮观的建筑和雕塑形式出现，而内容上多呈现的是一种对神权和君权的尊崇。早在市民社会雏形期的古希腊、古罗马时代，相对开放的奴隶主民主制和公共空间开始形成，流露着庄严、唯美、恬静的美学思想的大量建筑和雕塑出现在公共广场上。这些艺术品虽然仅仅是以服务于宗教为目的而创造的，但从"存在于公共空间里的艺术作品"这一点来看，已经初具公共艺术的特征。可以说公共艺术的最初形成是随着城市的出现和在为大型城市提供设施建设的基础上诞生的，而像古罗马许多大型城市已经具备了发展公共艺术的条件，因此一些研究者认为源于古希腊、古罗马的广场艺术是最早的公共艺术，也有学者称这一时期的公共艺术为"前公共艺术"。

而后随着公元5世纪西罗马的灭亡，时代进入长达千年的中世纪，在此时期，宗教的权威和规则紧紧操纵着整个社会体系，以建筑和雕塑为主的艺术作品成了传播宗教信仰和神学理念的工具，城市环境里出现的大量艺术作品都带有强烈的宗教烙印。直至文艺复兴时期，中世纪禁欲主义和经院哲学理性的束缚被突破，人类的生存价值和个人意义被重新肯定，自此艺术家开始了以人文主义思想为宗旨的艺术创作，但宗教依然处于统治地位，从作品内容和设置的场所上来看，无不和宗教有着紧密的联系。

16世纪下半叶，在经历文艺复兴和宗教改革运动后，资产阶级革命得以爆发，这使欧洲出现了新的国家和政权，标志着人类社会逐步走进近代。随着新兴资产阶级的建立，西方世界逐渐进入了市民社会。1572年，意大利西西里岛墨西拿镇建立了欧洲首座完全为公共空间设计的公共纪念雕像，这标志着欧洲公共性纪念雕塑开始了长达三个世纪的发展过程。这不仅意味着纪念性雕像从中世纪的城堡和宫廷中走入了普通的市民空间中，而且在这个过程中，新生的雕像摆脱了以往只是用来向君主和贵族等个人表示尊敬和顺服的功能局限，日益转向了用以纪念更具公共性意义的历史伟人与爱国事件。到了19世纪末，公共纪念碑雕塑演变为资产阶级政治化的承载体，用以表达各自的政治理念和诉求，从而产生另一种特殊的"纪念碑文化"，使得公共艺术的价值层次达到了又一个前所未有的高度。因此有学者持着"欧洲纪念碑文化"的观点，认为公共艺术的雏形诞生于16世纪的欧洲，因为此时单纯的纪念碑开始与公共装饰雕塑相结合，而19世纪末到第一次世界大战爆发前又继而诞生了对欧洲现代公共艺术最具典范意义的公共雕塑。

可以说欧洲在18世纪便已具备了产生公共艺术的前提条件：公共领域与公共性。公共领域作为一个社会文化领域，不仅使得包括艺术创作在内的各种社会科学探讨从传统的、服从于少数特权阶层和神学家或统治者自身需要的禁锢中解放出来，还以一种崭新的方式即理性的商讨方式构建着现代资产阶级的生活方式。随着18世纪下半叶启蒙主义思想的深入，法国资产阶级和封建贵族之间的矛盾日益尖锐，加之市民阶层的思想得以被解放，享受艺术的权利从皇室贵族下放到了中产阶级的手中。18世纪30年代法国巴黎沙龙艺术的出现意味着艺术品开始市场化，成为一个只要有钱便可享有的商品，这在一定意义上消解了贵族等级制，却成就了中产阶级的特权，正如托马斯·克劳在他的《18世纪巴黎的画家与公共生活》中所说，沙龙在当时作为一种公共空间，体现的不仅是政治的权力，更是一种财富的权力，因为虽然沙龙提供了公众自由评判艺术品的可能，但是这个"公众"指的是有钱有教养的中产阶级，而不包括普通大众；此外，作为赞助人的中产阶级在很大程度上影响着艺术风格，这倒是与当时的皇宫贵族的趣味相抗衡。

而关于现代城市公共艺术的缘起，当代大部分公共艺术研究者认为，真正意义上的公共艺术无论是其概念还是实践都源于美国。1930年，罗斯福总统在美国经济大萧条时期推出新政，号召艺术家投入公共领域里进行创作，并组织作品巡展。这无疑对本国文化艺术的福利建设起到莫大的促进作用，同时援助了一大批艺术家。这一举措成为现代公共艺术的良好开端，也掀起了一场艺术为城市社区和市民大众服务的普遍社会运动。到了20世纪60年代，美国国家艺术基金会（NEA）又相继推出"将艺术创作投入到建筑领域计划""百分比艺术法案"等政策，这些政策很快成为美国公共艺术建设的指导思想。但从另一方面来看，当时的形式主义美学思想在进入20世纪后开始蔓延，完全占据了艺术的统治地位。这一时期的艺术家被奉为现代主义的文化精英，他们可以毫无顾忌地尽情发挥自己的情感，表达自己的观念，在挑战传统的同时，也折磨着公众的视觉神经。这些作品的前卫性与精英性与当时美国政府的激进主义是紧密相关的，无论是立体主义、抽象主义，还是之后的极少主义，其内容和形式都越发让人感到晦涩难懂。当这些作品大量地出现在公共场所时，更是让人有种强加在生活之上的沉重感。由此可见虽然美国已经具有"用艺术来美化城市环境"的意识，但就艺术本体而言，仍还处于"放置在公共环境中的艺术品"的初步阶段，但任何实践都会有一个从起步到助跑的过程，而后的后现代主义艺术观念颠覆又使得公共艺术在美国提升到了一个新的价值高度。综上所述，从古希腊、古罗马的广场艺术之说，到欧洲纪念碑文化，再到美国现代公共艺术实践和关于公共艺术缘起的模式之争从客观上说明了公共艺术的多元化和多样化性质。

二、公共艺术的形成

20世纪60年代，"公共艺术"作为真正的概念出现，首先是"环境艺术"在美国的兴起。

"环境艺术"产生的原因有以下几点。第一，包豪斯的艺术探索为现代环境艺术的发展奠定了基础，它所提倡的建筑、雕塑和绘画融为一体以及建筑师和艺术家作为一个统一整体的综合性特征，将视觉艺术和环境紧密地联系在一起。第二，20世纪60年代，"后现代主义"作为一种新的文艺思潮开始兴起于西方世界。西方社会和文化在此时已发生重大改变，这说明现代主义出现了新的转折，呈现出新的特征和趋向。这种思潮最早体现在建筑上，后现代主义反对现代主义建筑的国际风格和单一内涵，倡导注重历史文化的回归，强调大众形式、多元化和地方特色，主张建筑和整体环境的融合，集绘画、建筑、雕塑于一体，趋向于民众的参与和包容，并在绘画和雕塑上得到发展。第三，作品包容环境的思想推动了"环境艺术"的出现。在后现代主义思潮下，出现了许多新的艺术观念和形式，在20世纪50年代中期"波普艺术"的出现曾一度颠覆了现代主义艺术精英的统治地位，同时开创了倾向于大众艺术和大众文化的新领地。随后又出现了一系列和环境息息相关的所谓"环境艺术"的艺术表现形式，如"场所雕塑""大地艺术"和"包裹艺术"都是在一定场所环境中展示艺术作品的一种形式，注重和环境包容互动的关系。

虽然环境艺术对建筑和环境设计产生了广泛而深刻的影响，但此时的环境艺术还仅仅是作为视觉艺术的一种延伸而已，它与作为建筑设计的一部分的环境艺术存在着本质上的区别。作为"艺术的环境艺术"从不考虑作品的实用价值，尽管它也可能会产生某种实用价值；它也利用环境，但并不是为环境服务，而是作为环境的一部分以实现自身，因此，它有时也会作为"建筑设计的环境艺术"被利用；同时，环境艺术作为一种艺术的表述，具有更大观念上的表达自由度，它既可以适应环境又可超越环境，使艺术家的观念在一个具体而又抽象的空间中展示出带有普遍意义的思想纬度。

正如孙振华先生在《公共艺术时代》中所提及的那样，英国当代雕塑家亨利·摩尔的作品与文艺复兴时期的米开朗琪罗的作品相比，摩尔雕塑的语言方式变了、放置地点变了，但是与公共的关系却没有根本的变化。如果按照对公共艺术的广义理解，人们一般可能会把亨利·摩尔的雕塑看作公共艺术，但严格来说，他的作品还是一种相当个人化的创作，在这一点上，他的作品与米开朗琪罗并没有本质的区别，有所区别的仅仅是个人语言方式上的不同。亨利·摩尔的作品放在一个"现代主义"的环境中，特别是放在现代建筑周围，或在一个漂亮的大草坪上，都是非常出色的。但这种效果是视觉的、审美的，在社会学的意义上，它们缺乏我们所说的"公共性"。亨利·摩尔的作品是艺术家个人与环境的一种对话，由于这种对话，作品与环境达到了一种默契，使得来到这个环境中的其他人也获得了感染。问题是，就像任何作品都可能感染观众，却不能将凡是能让观众感动的任何作品都看作公共艺术一样，亨利·摩尔的作品还是把它看作是环境雕塑比较好。

因此，随着更多的精英艺术开始向美国城市环境延伸，公众对此的评价也开始褒贬不一，其中自然包括在现代主义时期流放到城市环境里的那些晦涩难懂的艺术作品。在20世纪60—70年代美国公共艺术的第一个10年中，抽象艺术家占据着绝对的主导地位。直至80年代，公共艺术中精英与大众的矛盾仍屡见不鲜，但这种矛盾并非都是负面的、无法解决的，这意味着公共艺术是在争议和矛盾中一路发展走来的。

20世纪60年代，"百分比艺术法案"立法通过，该法律规定任何新建成或翻新的建筑项目，不论政府还是私人，其总投资的1%经费必须作为建筑装饰或艺术装饰之用。艺术家开始协同他们的艺术步入公共空间，这使得艺术朝着新的领域多元地展开。与此同时，肯尼迪政府时期的"国家艺术中心"得以成立，这是美国文化振兴政策的成果，此时期的联邦政府在向各艺术项目提供资助方面做出了极大的努力和贡献。美国也因此逐渐赢得了自信并取得了独立于欧洲传统艺术的地位。在各种因素的促成下，雕塑家得以将自己的作品推广到城市中去，当然这种推广并不是盲目的，而是和城市环境相契合的，美国城市雕塑的发展时机开始成熟。野口勇、亚历山大·考尔德的作品在此时期赢得了社会声誉，但最初政府和民众对他们的作品并不认可，而且对这样的作品能否出现在公共场所产生了极大争议。就亚历山大·考尔德的雕塑作品而言，最初出现时和其他抽象雕塑一样遭到了来自社会各方面的质疑。但这种质疑的声音逐渐转变成了认同，人们发现考尔德的作品形式和颜色打破了城市的密闭，消解了现代建筑给人们带来的压迫感，并充分体会到大型抽象雕塑比起传统欧洲铜雕更适合美国。

20世纪70年代中期，美国步入公共艺术的第二个10年，以城市雕塑为主的设计创作融入了更多城市特征。或是通过作品来探讨城市与人的关系，或是通过作品来消减来自都市生活的压力，其表现样式和材料更趋于多样化，形成了不同以往的风格面貌。直至20世纪80年代，后现代建筑设计理念的完善和城市社区建设的大势所趋，使得作为"艺术的环境艺术"得到质的飞跃，并真正作为建筑设计的一部分呈现出综合多元的特征。仍以城市雕塑为例，第三代城市雕塑家的出现将城市雕塑的意义带向新的高度，雕塑不再仅仅作为城市环境的装饰品，它们更加贴近各种环境设施或景观，注重与城市环境、与人密不可分的关系，并具有很强的功能性。艺术开始本着一种入世的人文关怀呈现在公众面前，此时真正意义上的公共艺术才崭露头角，它终于回归到本应具有的生活化和平民化，并与公众建立起一种交流和互动的亲密关系。还有些公共艺术把焦点投向社会，一系列以社会问题诸如种族、和平、生态保护为题材的公共艺术不断出现。此时，个人的"架上作品"已经逐步走进公共空间与公众发生广泛交流，与社会进行亲密接触，公共艺术开始取代艺术家封闭式的个人创作，这一转变对公共艺术来说是极为重要的。公共艺术的兴起展现了一个新的交流平台，它为艺术家选择了更合适的设计与创作方式，为他们与公众进行交往提供了很好的契机。在这一过程中，许多原本从事"架上创作"的艺术家，在作品的陈列和展示方式上也发生了重大改变，他们走出了美术馆，走出个人工作室，打破了"架上的传统和习惯"，在一个开放的公共空间展示其作品，使之能够最大限度地与社会和公众接触，而且有很强的公共性。

德国柏林在1978年9月通过了新的《公共艺术办法》，条例具有一定的强制性，如任何公共建筑，包括景观、地下工程等都需预留一定比例的公共艺术经费。除建筑物的百分比的经费外，政府每年也需拨一笔基金作为"都市空间艺术经费"与公共艺术委员会共同决定公共艺术的设置地点、目标任务以及施行办法。从20世纪80年代中期开始，日本也开始立法将建筑预算的百分比作景观艺术的建设费用，而且企业对建筑周边的环境、绿化也有大量的投资。日本政府在城市公共艺术的设立和社区公共环境的管理方面，还有非常详细的规定。例如，在公共空间，供人们方便的饮用水、时钟、座椅、照明灯具、公用厕所、社区布置的指示牌、告示牌、公用电话亭等是必备的。

美国美术史学家格兰特·凯斯特在他的《艺术与美国的公共领域》中提出，严格意义上的公共艺术必须具备三个特点。第一，它是一种在法定艺术机构以外的实际空间中的艺术，即公共艺术必须走出美术馆和博物馆。第二，它必须与观众相联系，即公共艺术要走进大街小巷、楼房车站，和最广大的普通大众打成一片。第三，公共赞助艺术创作。从以上标准来看，20世纪60—80年代的美国公共艺术历程逐步完善其概念，建立其体系，带动起西方国家城市化建设的多样性发展。甚至在过去不被重视的座椅、路灯、植物等公共场景里的设施物也成为公共艺术的表现对象，公共艺术的性质变得越发特别，概念越发宽泛，表现形式与主题越发多样，所诠释出的意义也越发尖锐和深刻。

三、我国城市化建设下的公共艺术拓展之路

（一）以城市雕塑为概念的公共艺术发展

长期以来，我国受西方国家艺术思潮的启蒙和影响，在城市环境建设过程中逐步构建了以城市雕塑为概念的创作理念。然而在当前，这种体制在逐步向公共艺术转变，并大有被完全替换的趋势。朱尚熹先生认为中国城市雕塑从出现至今经历了三个阶段。

第一阶段是纪念性雕塑阶段。这一阶段主要受苏联纪念性雕塑影响。

第二阶段是城市雕塑阶段。我国在进入全面改革开放的时代后，其结果是经济全面振兴，与外部世界空前地融合。在这一背景下，"城市雕塑"的概念得以出现，全国城市雕塑规划组得以成立。1993年，文化部和建设部联合颁发著名的《城市雕塑建设管理办法》，并将全国城市雕塑规划组改称为"城市雕塑指导委员会"。在政府法规性文件和经济体制的支持下，我国的城市雕塑得到了空前的发展，成百上千的城雕在全国范围内被塑造出来，与此同时环境艺术也开始在全国盛行起来。此时的城市雕塑虽然仍以重大题材、重要历史和政治人物的纪念性雕塑为主，但一些坐落在重要地段的标志性雕塑也开始具有美化城市的功能，在纪念和教化的基础上添加了艺术装扮的成分。即便如此，在城市雕塑管理中强调的还是行政管理。

第三阶段为公共艺术阶段。这源于美国最先给出的《公共艺术法案》，随后的美国各大小城市和地方政府也相继立法，乃至影响整个北美和欧洲。在亚洲，日本、韩国都有了公共艺术百分比法规。公共艺术的提出和采用符合这样一个大的背景：地球加速缩小成一个地球村，都市化进程在发达国家已经成为事实，而在中国不仅不可避免，而且正在加速。可以说，以"城市雕塑"概念为基础而建立的理念和体制已经不能适应当下的社会大背景，有被公共艺术替换的必要。

就公共艺术替换城市雕塑的必要性来看，朱尚熹先生认为：

首先，公共艺术的根本出发点在于人，在于都市中最为普通的市民，社区中最普通

的居民。艺术为谁服务，在城市雕塑看来有可能是整个时代，也有可能是特定地区的地方政府，也有可能是某一地域或某一人群共性的人，而公共艺术有别于纪念碑、城市雕塑，所指的服务对象即是广大群众。

其次，在创作理念上，城市雕塑无法承载公共艺术所包括的复杂要求。一般来讲，城市雕塑与环境的关联仅停留在视觉景观上，只要处理好作品与环境的高低错落关系，取得视觉上的均衡和谐就行。而公共艺术中的公共性理念核心是参与性，参与性体现在公共艺术的决策与管理上，反映在从艺术项目的决策选稿到相关作品的建设与管理都应引入公众参与机制上。同时，艺术家在创作中也要贯彻落实参与性观念，通过作品与公众进行良好的互动。公共艺术本身就是开放性的概念，它包括纪念性雕塑、纪念碑以及城市雕塑等诸多类型，囊括公共环境中的所有艺术品，不管是大型、小型、纪念性、标志性还是社区小品，都可以突出公共艺术的参与性和公共性。例如圣彼得教堂前的信鸽纪念碑就是由城市志愿者和当地的ONCA画廊员工共同参与设计制作的。

第三，随着社会的全面都市化，公众逐步介入民主管理社区与城市，大型雕塑不再是主流，而多样化的、小型的、生动活泼的、普通市民可消费参与的公共艺术则成为主流。

第四，公共艺术完全模糊了雕塑与其他艺术门类的界限，把雕塑的概念向其他领域拓展。只要达到服务于人的目的，一切门类、一切形式、一切材料，不拘一格，兼收并容，这无疑对艺术的发展具有进步意义。

有目共睹的是从20世纪80年代改革开放下的经济和城市建设浪潮推动，到90年代公共艺术概念从西方引入中国，至今，大量的公共艺术源源不断地涌入人们的视野，在高度发展的城市里相继生根开花。其出现的重要原因在于：一方面改革开放带动起城市化建设，开放的空间为室外艺术品的生成提供了必要的物质条件。另一方面文化教育水平和民主意识的不断提升，使公民化社会在一些发达地区正日益形成。生活水平的提高，精神物质的需求使得广大民众希望对如何在公共空间里放置艺术品拥有发言权。正是在这样一个特殊的社会背景下，公共艺术变得无处不在，对于建筑和公共场所来说，它如影随形地存在着，已成为各国城市建设和艺术文化发展战略的主打项目。公共艺术在中国的发展是异常迅猛的，这体现在公共艺术学术展览会和研讨会在各地的举办上。具有中国特色的公共艺术理论逐渐积淀起来，其学术成果也运用到当今中国城市公共空间艺术品的创作中，使得大批成功的作品在全国各地诞生。此外，一些美术院校还专门为之成立了公共艺术系或专业，培养公共艺术人才以适应逐渐扩大的社会需求。

（二）早期公共艺术项目实践

我国最先接触和尝试公共艺术的城市是具有优势的沿海开放城市，此后又延伸到与之邻近的高度发展的内地城市。

1. 深圳市

深圳作为中国对外开放最早的城市，1998年—2000年实施的大型公共艺术项目《深圳人的一天》在国内引起了广泛的关注。2003年底，深圳国际当代雕塑展有了一个新名字——"深圳国际公共艺术展"。事实上，这个已经有了将近10年历史的常规展览，一开始就将展览定位为"户外展示"，并且每次展览都从不同角度强调当代艺术的"公共性"与城市、社区和生态的关系。深圳国际当代雕塑展的发生和中国蓬勃发展的房地产业有密切的关系。最早的发起人不仅有艺术策划人，同时也包括房地产公司。对于房地产公司来说，其目的是美化华侨城的环境，提升其价值。对于艺术家和策划人来说，是为了回应当时中国混乱庸俗的"城市雕塑"，更深层次的目的是将城市艺术"公共化"，形成更有文化品位的"新城市雕塑"。

在城市公共艺术日益得到重视的背景下，深圳雕塑院承担了国内第一个公共艺术总体规划，这就是自2004年下半年到2005年7月，历时近一年编制完成的《攀枝花市公共艺术总体规划》（2005—2020年）。这个规划探索了崭新的课题和研究领域，尝试把城市公共艺术的科学性、社会性和艺术性紧密结合。

2. 台州市

台州位于浙江省中部沿海，是中国股份合作制的发源地。1994年撤地设市以来的二十几年间，经济快速发展，城市建设日新月异。然而，台州作为一个典型的新兴城市，在城市文化建设和城市公共艺术建设方面比较薄弱。为此，台州市委、市政府积极推进城市文化建设，加大以城市雕塑为主体的城市公共艺术建设投入。同时，针对台州民营经济发达、文化滞后的现状，借鉴西方"百分比公共艺术"的做法和经验，出台了国内首创的公共文化艺术设施建设的政策性文件《关于实施百分之一文化计划活动的通知》（以下简称《通知》）。《通知》中明确规定在城市规划区范围内，从城市广场绿地、重要临街项目和占地10000m^2以上的工业项目建设投资总额中提取1%的资金，用于城市开放性空间的公益性公共艺术建设，实施内容包括城市雕塑建设、公共文艺表演场所建设以及开展演出、艺术沙龙和艺术品展示等活动。2006—2008年，台州每年在政府性建设、大型工业园区和拟建小区等建设项目中选择若干项目作为示范工程，由管理部门和业主单位根据项目所在的环境要求和资金预算共同拟定以城市雕塑为主体的实施方案，投资控制在工程总投资（不含土地出让金）的1%以内，由管理部门协助统一组织雕塑方案征集和专家评审，业主单位按照批准的方案自行投资建设。经过台州社会各界的努力，3年间共动员近8000万元的社会资金投入以城市雕塑为主体的城市公共艺术建设中,新建成的一批城市雕塑在城市中心区形成了一片相对集中的展示区域,成为台州亮丽的风景和人文展示平台;开展"吉利·翡翠花园杯我喜爱的城市雕塑"少儿绘画大赛等活动,尝试推广公共艺术;路桥区博物馆的筹建为民间资金参与艺术场馆的建设开辟了渠道。台州"百分之一文化计划"示范工程所取得的成效得到了社会各界的肯定。

3. 上海市

2010年上海世博会的申办成功,使上海的国际化和现代化进程大大加快,上海也因此成为一座世人瞩目、朝气蓬勃、富有活力的国际大都市。这无疑对上海的城市公共艺术提出了更高的要求,并形成了社会的关注热点。2008年,上海推出"介入:艺术生活366天"大型文化艺术项目。一年来,"介入"辗转于上海的100多个公共空间,除了地铁、广场、公园、商场、饭店、街道、家庭这样的实体空间,还包括网络、电视、报纸。把"介入"每天的艺术方案在上海的版图上进行标注,最终呈现出一张"上海公共艺术地图"。从2007年起,上海开展"上海浦江华侨城十年公共艺术计划",旨在结合上海浦江华侨城的城市定位、空间布局和人文环境,为这个新兴城区创造出代表中国最高水准的公共艺术景观。整个计划暂定10年,每年举办一次大型展览,通过展览每年收藏1~2件空间雕塑精品,永久安放于城区公共环境内。

4. 杭州市

对于南北横穿杭州城的中山路来说,早在800多年前就是南宋都城临安城中南北走向的主轴线御街,此后一直是杭州重要的城市商业中心和老城的中轴线。如今中山路是杭州城历史渊源深厚、地位显赫的一条历史文化名街,集中体现了古城杭州的城市特色与价值,是最具代表性的反映杭州历史变迁和民风民俗的街区。

2008年,杭州召开"中山路综合保护与有机更新工程"专题会议。会议确定,整个保护工程以中山路为中心,北至环城北路、南至清河坊鼓楼,南北全长4.3km,区块总面积约87000m^2。必须围绕"古朴、典雅、厚重、坚固"八字方针,融合艺术、时尚、美观等要素,进一步深化公共艺术精品长廊和城市家具设计,力争把每一件公共艺术品和城市家具打造成"世纪精品、传世之作"。在御街公共艺术的具体创作中,中国美院通过规划、设计、营造、评说等一系列方式,对作品如何才能和南宋、杭州以及御街本身的历史底蕴相结合进行了深入探讨,最终从100多个方案中选定了11件。这11个主题雕塑布置在中山路的不同地点,如《杭城九墙》《印刷史话》《四世同堂》《南宋名人园》《百工百业》等,其典雅、精致、厚重,与充满文化气息和本土特性的城市家具相结合,构成了一条公共艺术精品长廊,鲜活地展现了南宋杭州御街独特的古朴韵味、市井生活和风土人情。

（三）城市化概念及特征

城市化作为当今世界最为普遍的一种社会变迁态势，对人类文明和生活方式的重塑有深远的影响。城市化是18世纪产业革命以后社会发展的世界性现象，是乡村变成城市的一种复杂过程。城市化的含义十分丰富，不同学科的专家均有不同角度的理解。城市化过程是一种影响极为深远的社会经济变化过程。它既有人口和非农业活动向城市的转型、集中、强化和分异，以及城市景观的地域推进等人们看得见的实体变化过程，也包括城市的经济、社会、技术变革在城市等级体系中的扩散并进入乡村地区，甚至包括城市文化、生活方式、价值观念等向乡村地域扩散的较为抽象的精神上的变化过程。显而易见，前者是直接的城市化进程，后者是间接的城市化过程。

我们也可以把城市化理解成人类进入工业社会时代，社会经济发展中农业活动的比重逐渐下降和非农业活动的比重逐渐上升的过程。与这种经济结构的变动相适应，出现了乡村人口比重逐渐降低，城市人口的比重稳步上升，居民点的物质面貌和人们的生活方式逐渐向城市型转化或强化的过程。

美国著名学者诺瑟姆把一个国家和地区的城镇人口占总人口的比重的变化过程概括为一条稍被拉平的S形曲线，并把城市化过程分成三个阶段，即城市化水平较低、发展缓慢的初期阶段，人口向城市化迅速集聚的中期加速阶段，进入高度城市化以后城镇人口比重的增长又趋缓慢甚至停滞的后期阶段。初期阶段（城镇人口占总人口的比重在30%以下）：农村人口占绝对优势，工农业生产力水平较低。要经过几十年甚至上百年的时间，城镇人口比重才能提高到30%。中期阶段（城镇人口占总人口比重为30%~70%）：工业基础已经比较雄厚，经济实力明显增强，农业劳动生产率大大提高，工业部门吸收大批农业人口，城镇人口比重在短短几十年内突破50%进而上升到70%。后期阶段（城镇人口占总人口比重为70%~90%）：农村人口的相对数量和绝对数量已经不大，农村人口的转化趋于停止，最后相对稳定在10%以下，城镇人口比重则相对稳定在90%以上的饱和状态。后期的城市化不再主要表现为变农村人口为城镇人口的过程，而是城镇内部的职业构成由第二产业向第三产业的转移。

世界范围的城市化进程大致可以分为三个阶段：第一阶段为1760—1851年的城市化兴起、验证和示范阶段。该阶段，世界上出现了第一个城市化水平达到50%以上的国家——英国。第二阶段为1851—1950年，为城市化在欧洲和北美等发达国家的推广、普及和基本实现阶段。第三阶段为1950年至今，为城市化在全世界范围内推广、普及和加快阶段。

从世界城市化发展现状来看，不难发现它所具有的鲜明特征，这体现为城市化进程势头猛烈而持久；城市化发展的主流已从发达国家转移到发展中国家；人口向大城市迅速集中，使大城市在现代社会中居于支配地位。

中国历经了50多年艰难曲折的发展，城市化进程的主要特征体现在以下方面。其一，城镇人口增长较快，但城镇人口占全国总人口比重增加不快，实际城市化发展速度比较缓慢。其二，城镇人口占全国总人口的比重很不稳定，既有激增又有骤减，波动十分明显，并与我国社会经济和政治状况密切联系。从中国的城市化拓展进程中可以看出，所谓城市化年均递增速度的飞快，是体现在那些高度发展的城市中。可以说城市化事业为中国的公共艺术带来了前所未有的发展境遇；与此同时，许多城市化弊端问题的出现又令人始料不及，如环境破坏、资源浪费。城市物理环境的逐步恶化，加之来自生活、工作的压力，使城市居民的存在状态异常紧张。

（四）公共艺术发展途径和问题

公共艺术作为中国城市化建设中的派生物，在得到良好发展境遇的同时也存在一定的弊端：首先，违背城市化发展的客观进程，过快的发展导致对公共空间和城市文脉概念认知和理解上的缺陷，使公共艺术及文化的场域性被忽视。城市的空间和文化的产生需要一个漫长的演变、沉积过程，从而形成独特的、富有底蕴的城市文化，公共艺术的发展同样需要沉积的过程。其次，市民社会的形成期短、地域性强，使得公共艺术创作者对市民个体存在的意识淡薄，规划团队缺乏与公众沟通，加之设计者长期以来的自闭性创作习惯，使得作品的内容和形式过于官方化和个人化，拉远了和大众之间的距离。再次，"造城运动"下的公共艺术被盲目植入，从根本上曲解了公共艺术存在的本质意义，混淆了"公共场所的艺术"与"公共艺术"。诸如作品尺度不合理，摆放位置与周围环境脱节，造型色彩扭曲张扬，破坏和谐美感等问题严重违背了公共艺术应该具有的公共性。最后，公共艺术理论建构不成熟，管理制度不完善，不能遵循合理的程序运作。公共艺术不同于精英艺术，艺术的效果固然重要，但社会的效果才是它的要义和宗旨，作品在独创性与公共性之间应该有一个可以让民众接受的限度，诸如上述公共艺术的弊端也反映了我国公共艺术作品还不能完全达到公共艺术所要求的特质，即公共性、场域性、制度性。

翁剑青先生在《中国当代公共艺术问题探析》一文中重点指出公共艺术事业在当下的七点现实问题的本质所在。

1. 在制度建设上的滞后与短缺

公共艺术建设资金主要来自政府支配的公共资金，即在政府主持下动用纳税人税金进行公益性及福利性的社会艺术建设。而我国以"城市雕塑"为主的公共艺术虽然在树立城市形象及改善城市视觉环境上做出了一定努力和成效，但在公共艺术建设的专项资金、规章制度、专业咨询机制和管理体系方面并未得到应有的建构和保障。

2. 公民意识以及以公民利益为主导的社会意识的短缺

在以往众多公共雕塑和其他形式的艺术作品的遴选与评审过程中，很少真正依循公共参与的原则及社会评议的方式，在少数决策者、投资者之外，公众很难真正拥有对公共艺术的性质、内涵及形式选择上的参与权和批评权。

3. 公众舆论及艺术批评的缺失

公共艺术实践的得失成败，在很大程度上取决于公众舆论的参与和艺术批评的开放状况。艺术公共性不仅仅是艺术作品在公共空间中的公开展示，更在于社会各方意见和建议的参与和展现，在于社会各方对艺术作品及其社会意义的看法和不同思想的对话。我国在公共艺术的发展思路、目标和方向及其价值体系的建构上欠缺理论的批评和引导，缺乏建设性、争鸣性及监督性的学术介入，这不免会陷入某种混乱和盲目。应该说公共艺术理论和批评在中国社会的生发和成长是促进公共艺术健康发展的必要保障之一。

4. 公共艺术建设的整体性和长期性规划的缺乏

此为中国城市公共艺术建设中较为普遍的问题。中国当代城市建设的广度和速度、不同地域和城市形态及具体条件的差异是造成该问题的两点客观原因。如若在特定时间阶段没有整体和较为长期的公共艺术规划就会造成大量的人、财、物和空间资源的浪费，就无法合理地利用和发挥地方文化资源及其艺术个性，就会造成重复建设或盲目建设。

5. 公共艺术的文化价值观念及其在社会教育上的欠缺

当下中国从艺术精英到普通大众，从艺术理论到艺术创作实践，均欠缺对运用艺术为民生大众谋福祉以及借此促进国民素养的强烈意识。而更多的是关注艺术自身的美学意义以及艺术家的自我表现或作品的商业价值。

6. 整体环境美学品质的缺乏

公共艺术的视觉及心理效果的优劣与成败并不仅仅取决于艺术品本身，而在很大的程度上取决于与艺术作品共同构成视觉和心理效应的整体空间环境。缺少良好品质的环境必然有碍公共艺术的美学效应和社会效应的落实与发挥。这就需要我们具有整体环境、整体设计、整体管理的强烈意识，并进行长期不懈的努力。

7. 公共艺术及文化专业性教育的缺乏

现有的公共艺术教育模式及教学内容基本上依旧沿用原来的架上雕塑、壁画和环境艺术设计的做法，或只是把架上艺术作品的尺度加以放大及材料样式加以更变，或是尝试把雕塑等艺术形式与其相应的空间环境设计加以综合性地考虑。在学科建设和人才培养上缺乏对公共艺术的文化特性及其社会学、文化人类学、公共管理学、城市学、传播学、民俗学、生态学方面的综合内涵理解和运用能力。也即在现行的艺术教育中尚严重欠缺作为培养公共艺术策划、创作、批评和管理的专门人才所需的相关知识、观念和方法体系。

从上述七点现实问题中可见，公共艺术事业作为面向城市环境、民主建设、人文教育的一项重要战略性文化建设，可谓任重道远。亟须解决和有待解决的各项问题需要在切实的摸索实践中加以解决。

（五）公共艺术百分比制度

百分比法案可谓公共艺术政策的一项系统工程，从各国已实施该法案的经验中可以看到，法案操作需综合考虑资金来源、人文环境、实施机制等若干基础条件，否则，会因某个环节的断裂，而导致政策的间断。在黎燕等规划工程师撰写的《国内城市百分比公共艺术政策初探》一文中，作者就我国城市公共艺术百分比制度做出了观点独到的评说，其中指出两点。

1. 实施百分比公共艺术政策必须考虑其对应的基础条件

（1）经济基础。艺术是一种意识形态，属上层建筑的一部分，推动艺术发展的因素很多，但最主要、最根本的还是经济的发展。只有当经济发展到一定程度时，才会带来文化的繁荣。推行百分比公共艺术政策的目的是筹集社会资金用于公共空间的艺术建设，如果社会资金有限，则城市建设只能以满足功能需求为先，而不能舍本求末。纵观国内外实施百分比公共艺术政策城市的发展历程，这些城市在实施此项政策法规之前，基本上都经历了不同程度的经济高速发展和快速城市化的过程，城市基础设施和功能设施得到了相当程度的完善。在我国现阶段，居民人均国内生产总值（GDP）大于3000美元的城市应具有实施百分比公共艺术政策的经济基础条件。如果将这个条件作为一个硬指标，则国内有30多个沿海城市基本满足实施百分比公共艺术政策的经济基础条件。

（2）社会基础。公共艺术动用社会资金，置身于公共空间中，供社会公众享受。只有公众对公共艺术具有一定的需求和认知，才能推进百分比公共艺术政策的实施。而且，随着百分比公共艺术政策的实施，公共艺术设施的增加，只有让公众享受公共空间的艺术氛围、逐步参与到公共艺术建设中来，才能发挥公共艺术的社会效应和实现良性循环。因此，推广美学教育是推行百分比公共艺术政策的社会基础。

（3）艺术资源基础。艺术设计是公共艺术建设成败的关键。国内目前的状况是艺术家因为公共艺术需要考虑的因素太多、管理流程复杂等原因而很少有人愿意参与城市建设。在实际工作中，很多项目即使建设资金到位，如果没有好的方案也只能搁浅。百分比公共艺术政策一旦全面实施，即需要大量的公共艺术设计方案供管理部门选择。艺术创作不同于建筑工程设计，需要由具备一定文化修养和创造能力的艺术家担任创作主体。因此，还需要城市规划建设主管部门多渠道获取艺术创作资源的支持，以保障百分比公共艺术政策的落实。

2. 建立公共艺术管理体系

中华人民共和国成立以来，特别是改革开放以后，我国制定了《城乡规划法》《城市规划编制办法》等规划法规和《城市居住区规划设计规范》《城市道路交通规划设计规范》等各种技术规定，对规划编制、规划审批、规划许可、实施管理等内容做了明确规定，已形成了一个较为完善的城乡规划管理体系，有效地指导和规范了各级城市的建设和管理行为。相比之下，城市公共艺术作为主体建筑工程和环境建设的组成部分，是针对建筑外环境所做的艺术处理，是城市公共空间物质建设的主要内容，其实施必须有一定的政策环境，因而也应制定并实施公共艺术建设与管理的相关法律规定和技术规范，包括公共艺术的设计、审批、实施等方面的相关法规和技术规定，形成一套相对完整的管理体系，将其纳入城市规划管理体系中。

（1）编制城市公共艺术规划。当前，很多城市组织编制了城市雕塑规划，制订城市雕塑题材规划、空间规划、政策规划和雕塑建设项目规划，避免城市雕塑建设的随意性。但城市雕塑只是公共艺术的一部分，从城市雕塑延伸至城市公共艺术，应有相应的公共艺术总体规划，作为城市总体规划层次的专项规划，统筹安排公共艺术的总体框架、空间布局、表现内容等。同时，应根据公共艺术总体规划和城市建设时序，组织编制重点区块的公共艺术详细规划。各层次公共艺术概念规划应与城市设计一样纳入城市规划编制体系。公共艺术规划的内容包括城市雕塑、室外壁画、艺术化的城市家具、室外市政配套设施的艺术装饰等，围绕公共艺术的推广教育活动，不应只限于当前激进、单一的城市雕塑建设。

（2）制定公共艺术政策法规和相关技术规定。在当前的社会文化背景下，社会对公共艺术的整体认知度不高，导致对公共艺术的自觉参与度不够，因此，仅靠行政手段是不够的，只有将其纳入国家法律体系或地方法规条例，符合行政许可的要求，才能保障社会各阶层对公共艺术的投资力度。从费城、旧金山、西雅图、巴黎、巴塞罗那等城市的公共艺术建设历程看，这些城市都借百分比公共艺术政策营造了一个有利于公共艺术良性发展的法律氛围。法制建设和技术规范建设固然重要，但这些又都是从实践中梳理、总结出来的。当前，应有城市和相关团队根据我国城市的发展现状，结合《城乡规划法》等各种法规和技术规范探索实施百分比公共艺术政策，在实践中总结出台专门的公共艺术建设与管理的相关法律规定和技术规范。

①制定《公共艺术管理办法》。目前，很多城市已出台或正在编制《城市雕塑管理办法》，基本都只是针对城市雕塑的管理。对公共艺术来说，《城市雕塑管理办法》有许多政策不到位的地方，如公共艺术建设的多样性、投资的公平性、公共艺术基金会的设置等都无法在《城市雕塑管理办法》中加以约定。因此，需要制定《公共艺术管理办法》，对公共艺术的编制、审批、许可、实施管理等内容做出系统的约束和明确的规定。

②制定《公共艺术设计技术规范》。《公共艺术设计技术规范》的主要内容应包括明确设计范围、明确设计内容和公共艺术设计成果内容。明确设计范围指建设用地中除建筑基底面积以外的区域。明确设计内容指城市雕塑、室外壁画、城市家具（广告牌、座椅、垃圾桶、公用电话、标识系统等）、室外市政配套设施（通风口、地下室出口、配电箱、窨井盖等）艺术装饰等整体性公共艺术设施建设。而公共艺术设计成果内容即明确表达整体设计思路所需要的文本和图纸内容，以及表现形式，避免现有景观设计中涉及公共艺术部分的内容时只是剪辑各种照片的现象。

③建立设计单位资质管理制度、执业注册制度。现阶段，建筑外环境设计主要由景观设计公司的园林、规划、建筑等工程类专业人员承担，艺术专业人员在其中的作用非常薄弱甚至是空白状态，导致许多城市的建筑外环境品质不理想。公共艺术属于艺术专业学科，园林、建筑、规划等属于工程专业学科，前者重造型、偏感性，后者重实用、偏理性，两个学科如同两条平行线，互不认同，难以交叉。现有的体制使后者承担了城市建设的重任，而艺术专业没有获得直接参与城市公共艺术设计的"入场券"（艺术专业没有设计资质），难以渗透到城市建设中来。

目前，从事城市雕塑创作必须具备城市雕塑创作资格证书，而公共艺术的复杂性不是一两个雕塑家所能解决的，应该由一个多学科交叉、以公共艺术专业为主的设计团体来完成。因此，必须尽快建立公共艺术设计资质管理制度和执业注册制度，解决艺术专业的"入场券"问题，让拥有雕塑、壁画、公共艺术等艺术学科教育背景的专业人员以独立或重要的角色，与工程专业人员共同进入城市建设领域。

④制定公共艺术设计收费标准。目前，我国景观设计收费标准很低，公共艺术设计包含在其中，收费比例尤其低，这也是艺术专业人员难以参与城市建设的主要原因。因此，必须制定合理的收费标准，保障艺术设计人员的正当报酬。

（3）组建工作机构

①建立以"公共艺术建设指导委员会"为基础的城市政府决策机制，由政府领导和主要职能部门组成，负责决策重大公共艺术项目的建设、指导协调国内外公共艺术交流

活动的开展、制定相关法规和技术规定。实施百分比公共艺术政策所筹集的资金用于城市公共空间的公共艺术建设,是公共利益的一部分,是政府行政职能管理的一部分,需要政府决策层对公共艺术的高度重视和强有力的引导,需要各职能部门的积极响应和有效的组织协调。这个机构的设置是保障公共艺术建设的关键。

②建立以"公共艺术建设艺术委员会"为形式的专家评价机制,由艺术家、艺术评论家等人员负责对公共艺术项目进行评估,对公共艺术的内容与质量进行把关,为重大公共艺术项目提供对策咨询。由于历史原因,普通民众在生活体验、美学教育、艺术修养等方面相对欠缺,公众作为鉴赏主体对公共艺术作品缺乏正确的阅读和评价,这种情形在我国今后很长一段时期内还难以改善。这就需要有一个专业的艺术鉴赏群体对公共艺术作品做出学术性和社会性的评价,引导政府的决策,提高公众的鉴赏水平。

③建立"公共艺术管理办公室"。随着我国城市化建设的快速发展,公共艺术是社会发展的必然,其建设和管理是城市建设行政主管部门必须面对的新学科。目前,在这个领域,不论是法规和技术规范的制定,还是工作程序的制订和执行,基本都是空白,这就需要成立专门的机构来进行研究和操作。根据公共艺术的艺术性、公共性等特点,这个管理机构需由艺术策划人员和行政管理人员共同组成,负责法规和技术规定的起草以及建设项目的公共艺术设计、建设的审批管理。目前,国内部分城市设有城市雕塑建设指导委员会、艺委会和雕塑管理办公室,可以在此基础上加以拓展并完善其职能。

(4)制订管理程序。当前社会各界特别是开发商对公共艺术行业的认识不一,因此,必须将公共艺术作为主体建筑的附属工程纳入规划选址、规划条件设置、建设工程设计方案审批、规划许可证办理、规划验收等规划管理程序中。只有这样,公共艺术才能得以实施。按照这样的工作流程,让艺术专业人员及早介入工程,跟踪建设工程的全过程,与其他专业人士共同作业,避免出现彼此因为理念的歧义而导致格格不入的尴尬局面,更可避免为了艺术品而进行事后的修改设计,出现削足适履的现象,或为了适应既有的工程设计而不得不改变艺术家的创意,影响公共艺术整体设计理念的表达。

王洪义先生认为,根据发达国家的经验,我国发展公共艺术需要两个前提:首先是建立比较完备的公共艺术管理制度,其次是市民社会的相对成熟性。就我国目前条件而言,还不能完全实现这两个前提,这是因为从制度建设的角度考虑,虽然欧美国家已有成规且能循例而行,但我国的特殊国情和文化背景,使我们很难完全套用西方现成经验。不同社会背景下大众关心的问题和参与的热情也会有很大区别。我国公共艺术的审批遴选制度必然以政治和经济权力为中枢,作品表现出的时代精神和艺术特征也会因时、因地、因人而有所不同。由此可见,无论管理制度还是创作形式,我国公共艺术事业必然要走出一条有自身特色的道路。这条道路应该包括注重艺术管理和艺术市场、发展大众传媒机制和艺术赞助制度、开展公民艺术素质教育和为大众提供参与艺术活动的机会，这样才能促进我国公共艺术的健康发展。

结合上述研究者们的看法和观点可见，关于景观公共艺术的设置，应该由政府部门、设计师（艺术家）、市民三者构建起有力的、互信的体系网。近些年中国的公共艺术探讨与相关推动活动尤为多，而实际设置项目却相对滞后。此时政府部门对公共艺术项目建设的法令认知就变得十分重要，各政府部门应在依法编列公有建筑物与政府重大公共工程经费时，同时编列公共艺术设置经费。此外，创作人才资料库的建立，宜由公共部门集合众机构之力统筹完成，公平地惠及所有设置单位。美术科系教育之外，是否需有其他国际交流以及公共艺术人才的培育计划也是政府部门需要长远筹划的。从作品的设计创作来看，这种侧重于基地条件创作的方式，对许多以自我设计创作意识为主的艺术家而言，充满着相当大的考验。对民众有更强烈的关切，并乐于将作品投放到城市环境中与市民分享，这种公共意识的自我培养对艺术家来说是十分必要的。对客体的尊重有时也需要艺术家背弃一些个人的坚持，这个客体就是市民。当然任何从事公共艺术工作的设计师和艺术家都不愿看到民众与自己的作品渐行渐远。民众的文化内涵和自信是需要通过公共艺术作品得到提升的，民众在受惠于公共艺术的同时，也会把这种恩惠反哺给作品。公共艺术事业最终应该在诸多喜悦和信任中完成，形成一个政府、艺术家、市民三者共赢的局面。

当同一问题针对不同国家、民族、地区时，所呈现出的具体特点会各有不同。同样易于解决的问题在特定情形下却变得异常复杂和困难。在很多问题背后都存在极大的特殊性。在我国，公共艺术起步较晚，市民社会启蒙和城市化发展建设无形中推动了公共艺术在中国的前行，但它毕竟是作为城市化建设的派生品一跃而起的，就像中国的公共艺术很难像西方那样用大众文化的概念作为标尺去丈量它自身一样。即便如此，新时代下的中国公共艺术事业本着以民众权利为基础，以创造城市文化性、艺术性、功能性为宗旨，终将朝着健康的方向一步一步地前行发展，当然，作为设计师的职责，对国外优秀案例的借鉴和考究，应该有选择、有目的地去进行，机械盲目地追风和挪用将造成本国城市历史文脉的断裂与消亡。

第二章　景观公共艺术设计的基本理论

第一节　景观公共艺术的含义

公共艺术并非一种艺术样式，它可采用多种艺术形式来表现，雕塑和绘画两种形式最为普遍，此外装置艺术、影像艺术、行为艺术、表演艺术也都可以作为公共艺术的表现形式。对公共艺术来说，公共价值观的表达完全重于形式本身。

景观公共艺术是公共艺术的一个组成部分，一般指公共空间中以景观样式出现的造型艺术作品，多表现在建筑、环境、雕塑、绘画、城市家具方面，属于空间环境艺术范畴。如前所述，景观公共艺术的概念更加倾向于公共艺术的狭义概念，其作用在于提升环境品质、营造生活情趣、实现人文关怀、塑造地域文脉。诸如场馆展览、音乐演出、迁移计划、行为艺术、商业文化展示等，则不在景观公共艺术的研究范围之内。景观公共艺术和城市环境设计关系密切，了解掌握景观公共艺术在景观环境设计中的作用和设计方法，能够使设计者在今后的设计实践中获益匪浅。比如说，城市雕塑在景观环境设计中常常出现，有些设计者也会把城市雕塑美其名曰公共艺术，殊不知城雕和公共艺术的本质区别在于公共性。城市雕塑只是公共艺术众多的表现形式中的一种，即公共艺术仅仅是以城市雕塑的形式实现它的公共性，因此具备了公共性的城市雕塑，我们可以称它为公共艺术。反之，缺失公共性的城市雕塑也就仅仅作为公共环境里的艺术品而存在，失去了公共艺术的本质意义。了解了这些，设计者就会本着公共艺术的内涵和表现形式去设计更具意义和价值的雕塑，而不仅仅就是一件雕塑作品那么简单。

我们往往把公共艺术在空间中的实施这一工作称为"设计"而不是"创作"。这是因为创作意指创造、创新，需要创作者具备综合的艺术创造能力。比起创作，设计则是一个相对综合、复杂的思维行为活动。它是通过预先的设想、计划、规划，把头脑中形成的意象图景，最终以视觉的形式（二维或三维的再现）传达出来的行为过程。对景观公共艺术的研究和实施脱离不了城市环境和人的存在，这涉及诸多和环境艺术实践有关的要素。设计师首先要对这些设计要素有目标和计划地进行排列、解析、调整、归纳、提炼，以此完成设计过程，之后才是创作阶段。所以对景观公共艺术实践而言，设计是十分重要的环节。

在我国，景观公共艺术设计是极具魅力和潜力的新生事物。其核心学科由环境艺术设计、景观规划设计、视觉传达设计、工业产品设计、绘画、雕塑等分属于建筑学、艺术学、机械学一类学科下的二级学科组成。这些学科与城市管理学、生态环境学、社会学、心理学、行为学、美学、人类工程学和传播学具有密切关系。可见，景观公共艺术设计是一个包含众多学科知识，具有综合现代设计手法的设计行为。它所涵盖的知识内容既系统又丰富，在知识体系上和建筑学、艺术学、机械学等学科形成诸多交汇点，具有极大的研究空间和价值。

目前，我国对景观公共艺术设计的研究尚处于探讨摸索阶段，对该设计研究主要集中在如下两方面。

其一，基于自身专业特长的研究。世界各国城市化进程的快速推进对城市形象塑造提出了更高的要求，作为现代城市建设不可或缺的城市环境组成部分的景观公共艺术，自然成为其中一个重要环节。如何解决城市建设过程中不断出现的一系列与公共艺术相关的具体问题，这就对环境艺术学科提出了认识研究的现实要求。这个具有巨大实践效益的课题也由此吸引了众多城市规划设计、建筑学以及都市空间研究等方面的研究者。

其二，基于传统艺术发展亟须突破瓶颈的研究。许多研究者认为现代主义艺术"艺术自律"的纯艺术观念或奉行"为艺术而艺术"的做法已经导致现代主义艺术演变成形式主义，其发展已经走入死角。现代主义艺术发展至今，在其艺术原则范围内的任何形式都已被艺术家们尝试并推展至极，因而现代主义艺术自身已经不再具有产生任何新形式的内在动力和创新可能。当代艺术家为超越传统的桎梏，逐渐倾向于借助新的形式手段，即公共艺术来达到预期的艺术效果，将它视为具有颠覆性意义的后现代主义现象之一。而艺术评论家则更是极力倡导这种新艺术形式并大力地批判过去的艺术传统，以期寻求艺术创作上的突破口，寄予理想的艺术价值诉求。

如何提升城市环境艺术品质、建立城市人文与场域精神、打造地域文化和城市形象、保护传承历史文化，都是设计师在方案设计时必须考虑的重点。

第二节　景观公共艺术设计的目的与意义

一、提升城市环境艺术品质

城市环境是与城市整体互相关联的自然条件和人文条件的总和。这包括由地貌、地质、气候、土壤、动植物等要素构成的自然环境,也包括由政治、经济、历史、文化、人口、民族等基本要素构成的人文环境。城市的形成和发展一方面得益于城市环境条件,另一方面也受所在地域环境的制约。然而,当下城市的扩展已越发背离人类所秉持的理念和令人愉悦的美感。当城市走向片面、极端的发展之时,必然会引发对历史的审视、对文化的诉求和对艺术化生存环境的回归。

如果以以人为本位的视角来看城市环境的话,它又可划分为生活环境和景观环境两大类。如果把生活环境想象成居家所用的客厅或卧室,那么景观环境就是墙上的一幅画或是床头的一盏灯。别具一格的家居装饰,会给来访客人留下良好且深刻的印象,也会使主人的家庭生活更加温馨融洽。作为城市这样巨大的环境领域,同样需要家一样的修饰与装扮。而我们一直探讨的城市景观公共艺术恰恰代表了艺术与生活、艺术与城市、艺术与民众的一种新的关系取向与融合,可以说景观公共艺术是当下城市发展的必然要求,也是城市文化和生活理想的一种体现。公共艺术绝不仅仅是建筑艺术、园林艺术、雕塑、壁画等艺术形式门类的无关联组合,而且是众多艺术形式组成的有机整体,其中渗透了人们对理想人居的渴求。换言之,公共艺术不能只为了满足"艺术的环境化",更要追求"环境的艺术化",从而促成环境与艺术的互动,进而实现"环境艺术化"和"艺术环境化"的完美融合。

作为当下城市中所谓的公共空间,其性质就是让市民充分地感受到城市生活的美好,实现人文关怀的福祉。

早在20世纪60年代的美国,受制于欧洲传统艺术文化的重压,加之环境艺术思潮的兴起,美国政府把提升城市环境艺术品质作为振兴城市发展的重要方法之一,并取得了非常好的成效。城市环境的艺术品质,一方面影响着城市生活环境的美化、国家文化底蕴的定位、国家良好形象的塑造,另一方面影响着公众的艺术文化修养、艺术文化品位和生活状态。因此,把艺术带入生活成了当代社会和文化的发展方向,也成为现代人享受生活乐趣的手段之一。

公共艺术作为城市公共空间里的造型艺术，其存在的目的与意义最直接地体现在对城市环境的装饰和美化上。

但前提是这种装饰美化需建立在审美性与功能性关系的基础上，可以说，公共艺术的审美与功用结合的特征是尤为突出的，一方面，公共艺术给城市空间带来的艺术性必须是显而易见的，具有艺术性的作品可以提升环境的艺术品质；另一方面，公共艺术的审美经验可以通过整合我们对作品的实用性而使审美对象的美感得以改变或深化，所以忽视或弱化实用性，会不恰当地限制公共艺术所具有的审美价值的丰富性与深度。可见，正确认识公共艺术审美性与功能性的关系，是公共艺术创造与欣赏过程中亟待解决的问题，也可以为环境与艺术的互动创造良好的基础。

日本新宿青梅街道高架桥下的人行道是通往歌舞伎町的常用通道，在步道一侧的墙壁上到处都是七扭八歪、毫无美感的文字涂鸦，给偌大的桥下步行环境带来了混乱压抑之感。对此 JR 东日本电车运营部、新宿警察署、东京都、新宿区于 2011 年 9 月协力设置了"高架桥下的华尔画廊"。所谓"画廊"就是把宝塚大学、HAL 东京、东京 mode 学园 3 所学校的学生绘画作品在人行道一侧的墙壁上进行展示。画作共计 20 张，以"天空和生命"为主题展开绘制，以此表达对东本大震灾中受难者的哀思和祝福。歌舞伎町城市管理部门对步道涂鸦墙面改造的决策出于两点考虑：首先，高架桥下的人行道作为通往歌舞伎町的入口，成了人们日常穿梭往来、聚散交汇的地方。应该给市民们创造一个愉快美好、健康向上的步行环境。其次，作为通往歌舞伎町的通道，应该展现歌舞伎町崭新的城市文化面貌。通过主题画作在步行空间里的展示，环境的艺术品质无疑得到了极大的优化和提升。

二、实现城市空间人文化

人文即重视人的文化。作为人类文化的核心部分，人文重在体现对人的生存和发展状况的关注，是社会文明进步的标志和人类自觉意识提高的反映。城市空间人文化实践是公民参与和享用公共空间的最为根本的实践意义。建设什么样的环境最能体现对民众的关怀与尊重，是设计师所要审视和思考的首要问题，也是景观公共艺术设计的主旨。

公众参与是人文化得以实现的重要条件。公众对环境公共价值的意识与关注，需要靠公共艺术来引领和启发。作为现代民主社会产物的公共艺术，它的第一要义就是使艺术走出学院和美术馆，成为百姓日常生活中的经常性内容。民众对城市的美学记忆是具有一定生存感受的，这种感受里蕴含着强大的民众文化力量，这一点往往被设计师所低估或漠视。对设计师创新的肯定并不是基于个别人的认可，而是切实地发掘了民众内在的文化力量，这才是公共艺术产生并发展的根本基础和原动力，也是促成城市空间人文化的保障。

2011年7月15日，大型雕塑《永远的梦露》亮相芝加哥街头。这件以梦露在电影《七年之痒》中的造型设定的大型雕塑是由美国艺术家苏厄德·约翰逊制作的。苏厄德的雕塑以艳俗的写实风格而享有盛名，多表现对经典照片和画作的翻制、等高真人铜像和大型人物铜像。令人未曾想到的是这件巨大的梦露雕塑在亮相后的几天里竟然招来，众多争议，大多梦露的粉丝对这一经典的美国式丽人雕塑赞赏不已，而另一部分人的声音却正好相反，他们认为该雕塑太过女性化，在城市街头这样开放的环境里显然不合时宜。有媒体评论此雕塑过于低俗，与芝加哥作为美国文化教育中心的地位大相径庭，更表明这件作品很可能会导致芝加哥公共雕塑整体品位的下滑。不少民众借此案例向社会呼吁行使公民对公共艺术品的投票权，保证他们可以享有高品位和令人愉悦的公共艺术品。

同年9月18日，为庆祝第二次世界大战胜利65周年，苏厄德的另一件巨型雕塑《胜利之吻》现身纽约时代广场。这件雕塑重现了1945年的时代广场上，美国市民为庆祝"二战"胜利而欢呼拥吻的一幕。此题材正是源于当年那张被誉为"胜利之吻"而广为流传的黑白摄影照片。照片上的女护士叫伊迪丝，如今已年过九旬，该雕塑正是响应伊迪丝的提案而创作的，理由是以此重温当年温馨、经典的庆祝场面。与《永远的梦露》相比，《胜利之吻》的出现得到了美国市民的喜爱和认可，也得以成为美国第二次世界大战胜利65周年里最具纪念意义的公共艺术作品。

人文主义规划设计强调人对环境的归属感与场所感，认为归属感是人的一种基本情感需要，城市应是一个可增加人生经验的活动场所。提倡人性化设计，注重从人的心理角度来研究环境。认为人与环境的互动是一个解码过程，人从知觉与联想方面对环境做出反应，从环境中得到暗示与线索，从而满足人的情感需求。景观公共艺术设计的过程实际就是一个编码过程，这种编码过程需要同人的心理需求相契合，以达到人与环境的统一，以便人们正确解码。

当下，社会环境和人之间相互作用和制约的关系越来越紧密，人在不同环境的影响下会呈现出不同的心理活动，即便在同一环境，依照各人心理反应程度，仍会产生不同心理表象。可以通过对人神态、身姿和行为的洞察获得某种心理上的感知，所以形形色色的人、世界的风景在艺术家的设计与创作中才得以呈现。在当下时代精神和社会体系的多次碰触、迭变下，如何重新审视人与社会的关系，通过景观公共艺术的形态和特性展现当下的流行文化，洞悉当代人的生存状态，是公共艺术得以顺应当下时代精神、迎合艺术潮流、开创人性化景观环境的关键所在。

美国现代雕塑家乔治·西格尔的公共艺术作品持有独特的人性化空间意识，这不仅仅是因为他一直以人物和社会作为题材的艺术表现，而且在于他一直都在探求人物雕塑受容的最大可能性。如前所述，"受容"一词意指接受、容纳、顺应。也可理解为受容力、受容量。当一件或一组公共艺术作品的存在，无论从视觉形态还是心理感受上都能得到观众普遍的接受和认同时，可以说这件作品就具有了一定的容力和容量，说明它所承载的内容和它背后的意义是丰富而深远的，能够得到一定程度的受众面，可见受容的强度是作品能否得以存在的关键。

对西格尔来说，画家出身的他曾对抽象形态的魅力坚信不疑，并在很长一段时间里进行着半抽象表现主义的绘画创作，其间举行过多次个展。而后逐步发觉此种表现手法并非自己真正所求，于是不久便开始等身大的人物雕塑创作，并在实践中总结出一套人体直接取形的方法。在选择模特时，他将目光投放到大众人物身上，从中选取日常那些不经意的姿态和场景进行刻画。结合人物雕塑，那些含有桌椅、窗框等道具的日常生活场景在他的作品中频频出现。

西格尔的模特大都是生活在他身边的人，如家人、友人、同事、邻居。之所以选择这些人来做自己的模特，是因为无论何时，这些人都在他身旁，是他非常熟知的人。而在作品中选用大量的日常生活物品，是因为这些生活物品可以加深人对生活的亲密感，使作品中的空间场景持有密度，连通心灵，让人物的存在更具真实感。踱步于作品和环境之中，让介入其中的人与作品、环境产生联系，进行精神对话。

早在1980年，西格尔受政府委托，设计创作了场景巨大的公共艺术作品《炼钢厂的作业人员》。该作品被设置于美国俄亥俄州的市区街头，表现了两名炼钢工人在工作现场劳作时的景象。作品中的两个人物造型仍是先从模特身上取型，也就是现实生活中真实的人物，然后再翻制成铸铜材料。人物身着工作服，佩戴作业安全帽和护眼墨镜，手持熔炼器具。为了真实再现工人作业这一场景，西格尔使用了一台长6.1m、宽4.6m、高5.5m、质量为65吨的巨大炼炉，该炼炉锈迹斑斑，是从废弃工厂里回收而来的。西格尔将回收来的炼炉进行再加工制作，这组巨大的工业设备在二次制作之后，竟与所要设置的街头环境如此协调地融汇到一起，这使得老旧的炼炉和铸铜人物身上的锈色相得益彰，使得人物头上橘红色的安全帽更显生动。介于当时美国社会严重的失业问题，这件作品得以诞生，西格尔把视角投放到社会，在失业率高涨的暗淡现状下，以这组作品来纪念作为该城区支柱产业的制铁业。显然，西格尔把这种纪念性赋予在巨大熔炉前辛苦劳作、满身污垢的两个工人，将社会问题所带来的现实感还原到最为人性的层面。他通过作品的题材特征、体量感受、场景构建、形象阅读，真切地实现了与公众的交流，使得经历过那一时期的美国市民,都会对这一作品产生深刻的情感。西格尔对城市空间人性化的塑造,无疑为当时如何定义公共人物雕塑存在意义,提出了实质性的问题,那就是该如何以人为本去设计和创作作品。

三、启发公众审美情趣

实际上,"审美性"和"艺术性"的概念出现很晚。到了18世纪,艺术才步入所谓的真正的审美时期。此时的欧洲社会在个人自由和科学精神上蓬勃发展,对个人价值的尊重和世俗精神的觉醒促进了新的艺术形式和风格的诞生。这表现为以往那种权力公共性,即只有权力者才能控制并为权力者享受的艺术场域,在西方启蒙运动中开始转向一种现代思想家们所普遍认为的审美场域。也就是说,此时的艺术本身才开始获得自身的审美权力。19世纪,西方的雕塑艺术从新古典主义、浪漫主义到现实主义,可谓流派纷呈、风格迭变、此消彼长,共筑起又一座恢宏辉煌的雕塑艺术殿堂。当历史步入20世纪,从现代到后现代,标新立异,争奇斗艳,观念迭变。艺术在审美性和艺术性上,进入了前所未有的多元化、自由化和充满变革的时期。

人们的审美在经历漫长且充满迭变的历史进程中,产生了不同阶段的审美情趣和特质。放眼当下的中国,在当今经济浪潮的涌动下,城市建设得到了飞速发展,同时公民社会意识的日益形成使民众的权益得到提升,艺术教育的范围也从学院式的精英教育延展到以民众为对象的社会教育体系中。即便如此,仍有一个突出的问题,就是作为崇尚和追求个人精神的当代艺术,其内容与形式多受主观掌控,加之精英式教育精神的普及,使得艺术家的文化水准和审美理念都能快速提升并融合于世界潮流之中。相比之下,广大民群众艺术文化教育的开发与普及却处于长期停滞状态,造成艺术作品与观众的欣赏力严重脱节,以至于当代艺术越发缺乏观众。这里的观众并非美术圈内的观众,而是指圈外的普通民众。而公共艺术恰恰承担着面向民众的艺术审美功能。

景观公共艺术的审美特性是在一个普遍存在的民众审美意识区间里呈现的,即便有时因作品的形态、样式、主题、观念不同,其审美特性也会超出民众审美意识这个区间,难以达成普遍性,但公共艺术仍是本着一种入世的情怀示人,尽可能地把审美功能回馈给民众。究其景观公共艺术的审美功能主要包括认知作用、教育作用和娱乐作用三个方面。

(一)认知作用

公共艺术的认知作用体现在帮助人们认识社会生活、历史风貌,扩大知识领域,加深对社会生活内涵的理解,提高审美认识能力等诸多方面。作品是设计师和艺术家观察、认识和评价生活,形象地反映生活的结果,反之又以此帮助人们感知生活、认知世界。

这些让人们认知主观生活和客观世界价值的作用，既是形象的、具体的，又是具有本质意义的。

认知作用是通过鲜明生动的艺术形象显示出来的。作用的大小、有无取决于作品反映社会生活的真实程度、广泛程度和深刻程度。只有真实地反映了社会生活的艺术作品才具有认知作用。而具有高度真实性的作品，会发挥出强大的认知作用。真实性是艺术认知作用的基础和前提。因此，无论是再现生活的作品还是写意性的作品，无论是现实主义还是浪漫主义的作品，只要从生活出发，揭示生活的内在本质和历史发展规律，都具有真实性，也都具有使人易于产生认知的作用。

（二）教育作用

景观公共艺术的审美功能中，是包含一定的教育作用的。就是说艺术作品在改善人们的思想感情，端正人们的世界观，树立高尚的品德，增强改造客观世界和主观世界的勇气等方面产生了积极影响。

公共艺术作品在反映社会生活时总是渗透出创造者的认识和评价、思想感情和审美意识。如果这种认识符合生活真实，评价符合实际，思想情感和审美观点符合民众要求，就不仅具有认知作用，而且具有教育作用。尤其是优秀的艺术作品，更是具有极大的教育作用。它可以在帮助人们认知生活、认知社会的同时，教育人们对待生活采取正确的看法和态度、树立正确的人生观和世界观。但是，艺术的教育作用绝不是要求艺术家在艺术作品中进行刻板的说教，而是通过艺术形象来感染人们，将深邃的内涵隐藏在鲜明的艺术形象中。这种教育作用往往是潜移默化的，是通过艺术形象的感染力，在不知不觉中去吸引人们主动地、有意识地接受。公共艺术审美的教育作用一般具有形象化、以情感人、潜移默化等特点，其集中表现就是"寓教于乐"。

当然，不是所有表现形式和题材的景观公共艺术都具有教育作用。教育作用主要取决于艺术形象的社会意义及其审美特质。设计师对社会生活的深刻认识、所具有的良好思想情操、对艺术形象的典型塑造、对主题的鲜明呈现等，在这些条件下创造出的公共艺术作品，都能给人们以深刻的教育和积极的影响。可以说，艺术形象高度的真实性和意义性的完美统一，是艺术具有教育作用的根本保证。

（三）娱乐作用

公共艺术在审美上具有一定的娱乐作用。就是艺术作品通过艺术形象的感染力，引起人们的审美愉悦和精神乐趣，从而获得精神上的享受和满足。艺术的娱乐作用是人们欣赏艺术作品的直接动因，是对欣赏者要求获得娱乐、休息和精神调剂的满足，但其核心是在审美享受中一种高尚、健康的愉悦。因此，娱乐作用绝不是任何感官刺激后所产生的快意，而是在艺术欣赏过程中的审美愉悦，在该作用过程中渗透着审美的认知作用和教育作用。

　　艺术的娱乐作用表现在各种题材和样式的公共艺术作品之中，无论是生活性的还是社会性的艺术作品都具有娱乐作用，都能给人以审美享受，使人产生审美愉悦，获得娱乐、休息和某种精神满足。公共艺术的娱乐作用主要取决于艺术形象的生动性、鲜明性和感染性。任意浮夸的逗乐取笑、故意的刺激感官并不能充分发挥娱乐作用，反而会破坏娱乐的丰富内涵和品质精神。

　　尽管在不同艺术作品中的审美功能会各有侧重，但就具体作品而言，有的认知作用比较突出，有的教育作用比较强烈，有的则注重娱乐作用。虽然三类作用各自为体，但又互相渗透，通常是统一于艺术形象和审美作用之中，都是不可或缺的审美功能。

　　其实，以上所述的审美方面的精神需求并非景观公共艺术的专利，而是体现在很多日常生活行为活动之中。例如，人们通过电影、网络、旅行等诸多行为活动去体验、探求日常生活之外的精神世界，这是种本能的精神需求，而诸如释放精神的这些场所也将会随着需求度的提升而变得越来越多元化。从对美的需求这一点来思考，每个人对美的认知能力都是与生俱来的，但随着个人后天的发展境遇和状况的不同，这种能力在某些人身上没有机会得到提升，反而随着时间的流逝而逐渐退化甚至丧失。公共艺术更像一个庞大的室外美术馆，你只需走出家门，所到之处，便可在与日常的接触中潜移默化地积累自己发现美的经验，逐步形成对生活中美的认知。当人们通过公共艺术作品享受到生活中美的情趣所在时，便会形成对造型艺术文化的渴望和需求。人与公共艺术互动所产生的审美教育、审美感化、审美情趣等，形成了一种深入人心的生活方式和价值观，由此可见公共艺术给人们带来的暗示和影响。

四、塑造城市特色和城市品牌效应

　　城市形象是一个城市文化的外显，是公众对城市内在实力、外显活力、发展前景的具体感知、总体看法和综合评价。它的形成是建立在人对城市形式结构系统感知的基础之上的。人所具有的社会性使得城市文化在形成伊始就带有一定的群体性质，如北京的"京派"、广州的"粤派"、安徽的"徽派"等体现的正是城市的文化性格，使城市文化呈现出不同的个性色彩。城市的文化个性与城市的经历密不可分，并在漫长的历史过程中积淀、演变、发展，最终形成都市特色。

　　城市形象包括硬件部分和软件部分，硬件部分包括城市布局、城市建筑、城市道路、景观绿化、景观设施、公共艺术等，软件部分包括城市经济、城市行为、市民素质、公共关系、社会治安等。城市形象建设可谓一个决策管理过程，是一种意识，也是一种文化。美好的城市形象不仅要具有令人赏心悦目的城市面貌，还应有方便舒适的生活环境、健全的城市功能和深厚的历史文化底蕴。虽说地不分南北，城市不分大小，但雷同的面貌使得当今中心城市的形象普遍存在"特色危机"。一些颇具地方特色及民族特色的城市正被着装一致的程式化建筑所淹没，原有特色正在消失。城市特色是城市内在素质的外部表现，是历史和文化的沉淀。中国著名建筑大师吴良镛先生说，城市是人类艺术的最大容器，它要各具特色、姿态万端。无论国内还是国外，大同小异的城市都会使人印象淡薄，仅仅依靠提升绿色景观、保护自然环境和生态系统，显然不会使城市环境产生独特的价值标识系统，还会形成千篇一律的格局。

对城市特色问题的探讨，使我们有必要了解城市特色都具有哪些构成因素，这样才能足够对城市与城市的异同之处的形成有所认知，从而展开深刻分析和探究。

城市特色的构成因素包括三个。

其一，自然因素。它是指城市所在的自然环境和地理环境。如地形地貌上所呈现出的丘陵、平原、滨海、水域，季候上所呈现出的温热、寒冷、湿润、干燥。这些自然条件给城市地域带来显著的自然风貌特征。所以说，自然因素是形成城市特色的最基本因素。

其二，人工因素。该因素是一切人为建造活动的成果，是形成城市特色最能动、最活跃的因素。城市特色最终要通过人为因素，即人为建造活动使城市形象变得美好，诸如建筑形象、规划布局、绿化等。

其三，社会因素。社会是人的意识形态和行为活动的构建，这意味着社会因素是人工因素的深层依据。人们依照长期以来的生活习俗、行为方式、道德情趣来建造城市，在建造活动中，会自觉不自觉地将自己的观念和喜好融汇到物质实体的建设中。所以只有了解了社会因素，才得以理解人为因素。虽然社会因素具有的隐性特征使它通常是通过人为因素呈现出来的，但有时它也具有独立的意义。例如，我国南派古典园林中石、水、植被元素的运用，展现了方寸间咫尺山林的局面和气势，按其形、色、香加以配置的树木和花卉，赋予了拟人化的不同性格和品德。这种对自然山水的概括和抽象就凝缩了自然界的丰富面貌和"石令人古，水令人远"的人文内涵。

对城市的自然因素我们应加以尊重、顺应和利用。对人工因素，应作为城市建设的主要任务来展开。而社会因素又是人为创造的依据，是建筑师、规划设计师应认真发现和挖掘的。

以城市特色构成的三个因素为依据，便会发现景观公共艺术结合城市特色的创新发展，在当代城市建设中是具有一定生命价值的，这更是存储城市文化资本，彰显城市特色的一种重要方式。景观公共艺术有赖于对城市历史、文化和精神的把握，起到为城市形象做定位的作用，景观公共艺术今后的发展方向还有待于在城市特色构成因素中进行剖析，展开思考，当公共艺术与自然风貌、社会发展、人文内涵、传统和现代融于一体并形神兼备时，才能营造气韵生动的城市蓝图。

当代城市研究机构曾制定了城市竞争力评价系统，整个评价标准的核心是经济标准和产业能力，这是任何一座城市能否提供美好生活的基础和前提。评价系统包括实力系统、能力系统、活动系统、潜力系统、魅力系统。其中魅力系统可划分为品牌认知、形象影响力、文化凝聚力、游客满意度等。我们所探讨的公共艺术就在"魅力系统"里，虽然所占的比重仅是一小部分，但它是一种有效的社会文化形态构筑，是城市物质化过程中文化建设蓝图上的点睛之笔。

西班牙的毕尔巴鄂是一个名不见经传的小城市，但是，美国建筑师弗兰克·盖里为该市设计的古根海姆博物馆，却使该市成为20世纪世界最大的亮点之一。这座巨型的雕塑式建筑既是一座建筑物，又是一件艺术作品，它的诞生让世人重新认识了空间构成的当代性。一方面，经营城市不仅仅是经济方面，更重要的是怎样把城市的经营通过公共艺术的形式转化为一种标识，变身为一种城市符号，成为一座城市的"形象代言人"，记住了这个形象符号的同时，也让外界认识了这座城市；另一方面，公共艺术是对人文价值、对生活态度的塑造，是城市物质文化建设最鲜明的表达方式，也是对城市文化意象的营造与解构。

带有文化特征的公共艺术作为人文景观已经成为城市公共环境中不可缺少的一部分，世界各地有许多成功的雕像设计因为与当地的人文和自然环境相符，具有高度的艺术欣赏价值，并蕴含深厚的背景故事和内涵而深受民众的喜爱，更有一部分成为城市的地标，乃至国家的象征。这些公共雕塑作为一个地域或国家独具代表性的文化形态，其文化影响是深远的。

对我国的很多城市来说，其物质资源丰富，历史文化深厚，但往往存在城区形象不鲜明、区域文化特色不明显等问题。因此，构建公共艺术项目品牌体系对塑造地域文化和城市品牌效应来说大有裨益。首先，对城市竞争力评价系统中的"魅力系统"的构建，应依托各城区特色主题文化资源，将特色文化内涵融入景观公共艺术项目建设之中。其次，整合各区域分散的公共艺术形象，整体打造共享型公共艺术品牌，构建城区景观轴线、节点、区域三级公共艺术品牌体系。再次，利用景观公共艺术彰显城市特殊本质、传达城市精神主旨，突显主题内涵和外延，构建地域景观坐标，形成强烈的精神场域。最后，公共艺术需要不断审视和挖掘城市文化元素，在继承传统文化的基础上，找准定位，提升公共艺术所带来的文化感染力和吸引力，努力打造独具文化魅力和生命力的城市文脉和底蕴。

五、带动区域经济发展

当下，公共艺术项目已经成为中国城市建设重要的支柱产业，文化在经济社会发展中的作用越来越突出。推动公共艺术项目的建设，既是文化产业发展的必然趋势，也是实现城市文化大发展、大繁荣的现实需要。充分发挥景观公共艺术对城市文化发展的引领作用，推动景观公共艺术项目建设与公共艺术文化建设融合发展，是展示文化内涵与魅力、塑造中国城市品牌形象、实现文化经济价值的重要途径。

公共艺术连带效益最直接体现在文化创意产业形式所带来的城市财富上，也是带动其旅游业和就业服务收入的关键。

首先，创新公共艺术项目和业态，大力发展主题性景观公共艺术，提升公共艺术的多样性。其次，加大文化艺术场馆如博物馆、历史文化馆的建设力度，设立艺术基金创新机制，建立政府与其他民营企业所组成的非营利的基金，形成资金平台。最后，大力开发区域文化标志性旅游纪念品。抓住旅游者文化需求与经历纪念需求的消费心理，精心创作一批融入城市标志性文化元素的旅游纪念品，通过旅游市场的大力推广，让具有地域标志性文化符号的纪念品成为游客来此的"必购品"，成为国内省际、国际友好往来、文化交流的"必需品"。

当前正是公共艺术文化产业与城区改造项目面临的最佳历史机遇期，景观公共艺术所具有的开放性和参与性直接能为所在城市吸引、召唤游人前来观赏，不但可以促进经济效益发展，还可以开发本地旅游资源，有意识地对外加以规划经营，使之产生一系列旅游文化效应，获得城市环境艺术之外的其他市政收益。

随着2013年电影《蓝精灵2》的热映，沈阳华润集团独具创想地将蓝精灵家族公仔邀请到万象城，万象城金廊广场和商场大厅成了蓝精灵的世界，活泼可爱的公仔形象瞬间吸引了公众的眼球。公仔作为世界动漫产业兴盛发展下的产物，更具文化内涵和个性魅力。引人入胜的故事情节和深入人心的人格化，使它们也受到了成年人的宠爱。蓝精灵公仔的到来无疑成为电影首映日里最受欢迎的嘉宾，它给这座城市增添欢乐和美好的同时，也带来了提升城市形象和经济产业的双重效益，使人们在情趣中享受到消费的愉悦。

2014年5月，为庆祝万象城的母集团华润集团成立76周年和沈阳万象城3周年庆。华润集团立意策划了一次"象遇、象爱、象伴"与万象相恋33天的公共艺术活动。此次公共艺术活动从艺术表现形式来看，形同于著名的伦敦大象游行活动，巧妙地运用"万象城"中"万象"的寓意,将"万象"和76只或坐或卧的小象雕塑融合在一起,象征着华润集团76年间的发展历程。令人感到富有新意的是每只小象身上的图案和色彩都代表着万象商厦里的一个店铺品牌。服饰、配饰、钟表、珠宝、餐饮等品牌标志和色彩都以艺术化的形态装饰在每个小象身上,宛如为它们量身定做的个性衣装。万象的队列磅礴壮观,表现了华润置地作为中国内地综合型地产发展商的强大实力,同时形象迥异的卡通小象又不失可爱萌动,它们有秩序地排列在金廊广场上,成为青年大街上一道美丽的风景线。

此外,举办各类以公共艺术为展示形式的文化节庆活动,推出一批独具特色的文化节庆品牌活动,从而增强活动中民众的参与性,满足民众体验文化、体验城区或异域风情的愿望,使公共艺术活动成为城市特色文化的传播载体,以此带动区域经济发展。可以说,公共艺术受到媒体关注是其他艺术形式的10倍之多,如此庞大的观众数量和媒体关注度使公共艺术自身成为极其重要的社会资源,这种社会资源是提升城市文化形象不可或缺的元素。尤其在提升区域经济方面,它具有自己独特的价值和作用,对整个区域、国家甚至是世界的影响都是潜在和巨大的。

2014年7月,沈阳夏季海滩体验活动又以华润万象城为舞台向公众展开,此次公共艺术活动的嘉宾是来自美国的经典卡通形象"Tom&Jerry"(猫和老鼠),Tom和Jerry的可爱公仔形象再一次为盛夏的商业区融入了新鲜快乐的空气。诸如此类的商业文化品牌节庆活动无形中增强了公众的参与性,满足了公众体验文化、体验城区风情的愿望。而商业文化所派生出的商业纪念礼品无不抓住公众文化需求与经历纪念需求的消费心理。"文化搭台、经济唱戏"正是说明文化消费市场的潜在力量,而公共艺术或是公共艺术活动终将成为繁荣区域经济、发展特色商业文化的重要载体之一。

公共艺术以城市文脉为纽带,在市民间建立紧密联系,作为城市文脉积淀与传承的重要载体,城市公共艺术在保存本国文化的同时,也激活了他国文化的生命力。公共艺术项目建设应该依托商业地段而展开,小到个人生活品质,大到地区区域发展,在资源永续利用的前提下保持可持续发展。

六、对历史文化的保存和传承

历史是地域文化与形象的"缩影",一个国家的发展脉络是由多个历史节点贯穿而成的,如果一个国家或城市缺少了历史印记,就意味着有文化断层的危机。现代社会越是加快发展,对历史文化保护与传承问题的审视越严峻。

社会在发展的同时,注定会出现经济扩张所带来的文化断层。这种现象屏蔽了太多我们对美的与生俱来的需求。在我国，许多有代表性的城市历史文化印记随着环境的大肆改造而悄然消逝。当我们回顾起曾经的那段历史想重新看看它的模样时，已没有一点印迹可寻了。这无形中对历史文化是一种残酷的"抹杀"。与此同时，"历史文化保护和传承"的倡导得到加强，"资源利用"这一现实问题已成为每个设计者在设计过程中必须考虑的首要问题之一。历史建筑和文化遗迹作为一种特殊的文化资源，被越来越广泛地发掘和利用。对其在再度使用中的维修、改造和整治，按照不改变原状原则，进行最低干预，且强调维修痕迹的"原状"，以求明显的可识别性。景观公共艺术作为面向社会和民众的艺术，在历史文化保护和传承的活动中承担着发现和拯救的任务。换言之，设计公共艺术的人承担着发现和拯救的任务。

第三节　景观公共艺术设计的原则

设计原则即设计准则，它可以帮助我们构建出合理的公共艺术方案。而方法是为达到这个准则而采取的途径、步骤和手段。设计方法是建立在原则的基础之上的，方法往往以原则为依据而展开，在整个设计过程中，原则和方法是作为一体被设计者所思考的。景观公共艺术的设计原则究其根本，无外乎对空间、美学、公共性这三方面的思考。在一个方案中，当这三方面中的任何一个出现问题时，作品往往都会呈现出令人不满意的面貌。

一、与空间关系的协调性原则

空间是构建环境设计最为核心、基础的概念，公共艺术作为公共环境的一个组成部分，无时无刻不与空间发生着密切联系。无论何种样式和材料的公共艺术作品，无论处于何种性质的环境中，作品在形式构成和空间构成上的协调关系一直都是设计师细心思虑、苦心经营的重要工作。作品的大效果或是整体框架应该暗含着与所在空间相互作用的一种视觉结构。在日常的设计实践初始，作品的环境定位极为重要，不容忽视。

（一）统一与多样

作品和空间关系上的协调意味着相互统一，即作为一个整体而存在。统一和多样是互补的概念，统一性是整体性的体现或状态。现实环境中包含诸多环境要素，对公共艺术本身而言，无论作为环境中的主体还是客体，它的表现主题、样式、材质、色彩都会给人带来不同程度的视觉感受和心理上的影响，当这些因素与周围环境格格不入时，便难以实现作品与环境和人的对话。可以说，统一性即是一种感觉，指作品自身以及它与环境之间的元素组成了一个有序协调的整体。当作品自身以及与环境之间具备了统一性时，任何修改都会削弱其品质。

多样则为统一提供了差异感。多样是反统一性的。太多雷同的统一会令人乏味，而多样化会使统一变得不再单一；无节制的多样又会带来混乱与无序，因此，若想在丰富多样中寻求统一的效果，需要设计者从多方面、多角度考虑作品自身以及作品与环境间的诸多关系，唯有在统一与多样之间达成平衡才会创造出生动。

（二）平衡

平衡对艺术设计和创作来说，既是视觉的效果，也是结构的需要。平衡即获得均衡，设计师和艺术家总是致力于谋求平衡，以获得心灵的安宁。这是因为我们对维持身体平衡的本能与对视觉平衡的需求是对等的。

景观公共艺术作品无论表现样式如何，其构成平衡的类型无外乎"对称式平衡"和"非对称式平衡"两种。

1.对称式平衡的构成特征

对称也称均齐，它以同形同量的组合形式出现，体现出秩序、排列的安定感。对称构成指在作品上按照中轴线垂直划分的左右两部分或按照中心水平线为基准的上和下两个部分，其物像形状、颜色等相同一致的情形。在造型、色彩上采用对称的构成形式，能使作品产生安静、平稳和庄重之感。

对称有"完全对称"和"相对对称"之分。完全对称，是指在中轴线两边或中心点周围所组成部分的完全相向的造型形态。完全对称分左右对称、上下对称、上下左右对称、转换对称和旋转对称等形式。如果说完全对称容易产生呆板效果的话，那么，相对对称则是公共艺术家更加乐于使用的设计手法。相对对称是保持其大的结构特征不变而有少部分形状或色彩出现不对称的现象，换言之，相对对称是在局部上加以变化，但在总体上仍保持对称的形式。因此这种形式在不失其对称形式的稳定感的前提下，又同时具有灵活、生动和自由的特征。当然，完全对称或者相对对称在具体的公共艺术设计中要结合建筑功能及其景观环境因素而定，不可孤立地考虑作品本身的形式运用。

2.非对称式平衡的构成特征

非对称的平衡是把形态、颜色、方向等因素不等的物象安排在作品中，从而获得预想的平衡。与具有统一效果的对称平衡不同，不对称平衡的最大特征是既有变化又有统一。我们可以把不对称下的平衡理解为一种"量"的均衡，即同量而不同形的构成组合。作品的重心稳定是很重要的，对对称形态来说，左右上下的均等一定是稳定平衡的，而不对称平衡却是在一个左右上下不均等的形态里，达到一个整体空间体量的均衡，这种均衡正是来自观者视觉和心理上的平衡。

从视觉的角度而言，造型艺术的平衡是指通过艺术的手段，作用于人的视觉乃至心理上的平衡，而非客观实际物体的平衡与对称。平衡可以提供视觉上的安定感，是人类生理和本能的需要。平衡是一种"力"的对称，但它并不像对称那样有严格的结构关系做参照。它不受中轴线和中心点的限制，不受造型的形状大小和色彩的限制，体现了变化中的稳定。这种平衡意味着有一个对称式的重心，否则"平衡"一词便无从谈起，只是这个重心很难通过计算的方式找到。物理上的平衡问题对公共艺术创作来说是同等重要的。

平衡是造型艺术构成中的基本法则，不仅如此，与人类有关的诸多事物都存在着平衡法则。在宇宙这个大系统中，平衡是其存在和发展的重要因素，人类社会就是在不断的平衡过程中发展起来的，失去平衡就必然会产生危机，如建筑、环境、自然界、人类自身、宇宙的演变与运行等。当景观公共艺术作品和城市空间相辅相成，两者相得益彰时，势必会给观者一种视觉和心理上的平衡。这种平衡感源于人们日常生活中的基本经验，即为了获得一种安定感而需要达到的心理或精神上的平衡。

从以上的论述可见，平衡意味着某种形式的对称，是变化与统一的表现方式。作品若想与环境达成平衡协调之感，通常会以两种情形来呈现。其一是作品自身的造型一定要平衡。造型不平衡的作品就像还未完成的作品一样，给人某种不稳定、不适宜的感觉，这样不平衡的作品势必会给它所在的环境带来诸多负面影响，更不要谈及两者的协调了。其二是作品自身并非以一种平衡关系出现，但通过与环境相契合，得以形成整体上的一种平衡感。往往这一类作品更加突出了设计者在环境语言表现上的用心。

我们所见到的多数公共艺术作品基本上都呈不对称平衡的构成关系。在对称组合方式下的平衡是理所应当的，在不对称组合方式下达到构成上的平衡，才是造型艺术的真谛。景观公共艺术和环境的关联就是在两者间的变化和统一中谋求一种相互平衡的关系，正所谓"只有经受威胁的平衡才得以引起兴趣和刺激"，这正说明了不对称平衡的特征和它所具有的魅力。在景观公共艺术设计中，平衡是一项极其重要的法则，它不仅反映在作品本身上，也同样反映在作品与建筑及其景观环境的关系中，需要我们在实践中不断地探索和研究。

（三）对比与调和

对比是统一的反面，艺术构成中讲究处理协调和变化，也就是统一和对比的关系。公共艺术设计同样需要协调好统一和对比、整体和局部的关系。

一般来说，对比是在整体的前提下建立起来的，过于统一就会千篇一律，疏于变化，难以抓住视觉的焦点，不易引起关注。但过于突出对比，又会扰乱整体的秩序，产生难辨主次、眼花缭乱的感受。无论是形式构成还是空间构成，在协调整体关系的同时合理运用对比变化的手法，会得到意想不到的点睛之美。统一和对比的关系并不是绝对的，而是相对的。对比变化的手法并非总是在整体的前提下使用的，统一和对比的关系其实是相辅相成、此消彼长的。可以平衡统一为主、对比变化为辅，也可以对比变化为主、平衡统一为辅。可在对比变化中达成统一，也可在统一中寻求变化。究其到底应该赋予环境更多的统一感为好，还是更多的对比感为好，这完全取决于设计者想要赋予环境怎样的目的和意义。

在景观公共艺术设计中，无论是作品自身的对比，还是与周围环境之间的对比，都可归结为造型要素间的对比，比如形体的大小和聚散对比、空间的远近和方向对比、色调的明暗和冷暖对比、体量的强弱对比、线条的软硬对比、材料的质感对比、视觉的虚实对比以及表现观念上的对比等。对比不仅能增强艺术感染力，更能凸显特征，形成视觉张力和表现力，鲜明地反映并升华主题。对景观公共艺术而言，通过对比可以使其在环境中形成兴趣中心，或者使主体从背景中突显出来。通过强调对比双方的差异所产生的变化和效果来获得富有魅力的形式。而调和则是把对比所形成的各种强烈的因素加以协调统一，使其趋于缓和、融汇、均衡的理想状态。

对比与调和在配置上应该作为一个有机的整体来思考，在作品设计上，两者间的分配程度如何要根据整体或局部环境的功能和风格来加以把握。例如，华裔建筑师林璎设计的越战纪念碑与一般纪念碑高高矗立于广场上截然不同，该纪念碑呈"V"字形，微微下陷于草地上，由磨光深色花岗岩制成，上面刻着阵亡和失踪的将士名字。它与原有华盛顿纪念碑在白而高的背景中采用深而低的纪念碑样式，起到互补作用，以对比的手法取得联系，从而与环境协调一致。

很多公共艺术作品都会容纳诸多的对比因素，对作品自身过度、夸张的对比往往会呈现出一副张扬、繁杂的面貌，更糟糕的是它大大破坏了与周围环境和空间本应具有的平衡和统一。因此，我们说对比与调和是变化与统一形式法则最为直接的表现。

（四）节奏与韵律

节奏与韵律来自音乐的概念。在音乐中，节奏是按照一定的条理秩序，重复连续地排列，形成一种律动形式。节奏是对音的强弱、长短、反复、重叠、交错等灵活有序的安排所产生的和谐美妙的旋律，是音乐构成的关键因素。在美术或文学中也常常运用节奏与韵律的艺术语言来表现一种律动状态。视觉艺术中的节奏是通过形体、线条、色彩、方向等因素有规律地运动变化来引发人的心理感受。它有等距离的连续，也有渐变、大小、明暗、长短、形状、高低等的排列构成。这种节奏与韵律的视觉美感和律动关系对设计而言是非常有必要的。节奏与韵律是变化与统一规律的具体体现，恰当地运用节奏与韵律的关系将赋予公共艺术以更强的艺术感染力。

节奏与韵律可具体表现在公共艺术的造型、色彩、结构形式和对材料的运用中。譬如造型中的点、线、面的组合安排，点的大小、线的长短与直曲、面的形状与力度；色彩在明度、纯度及冷暖变化上的渐次，连续不断的交替和重复；结构形式在整体上的布局以及形与形之间的适合；材料在肌理、起伏、形制以及处理手法上的区别等。另外，节奏与韵律同时也表现在作品、建筑及其整体环境的规划安排上。

节奏与韵律的表现形式是多种多样的，不同的处理方法将会给人带来不同的视觉感受。在一般情况下，构成元素越简洁，所产生的节奏与韵律感也就越单纯甚至平淡，构成元素越复杂、产生的节奏与韵律感则越丰富甚至繁杂。所以在设计中一定要审时度势，因地制宜，站在整体的角度宏观地把握节奏与韵律的运用问题。

（五）比例与对照

比例尺度是客观存在、约定俗成的。它不仅与建筑、空间环境、工业制品等设计活动有关，也与装饰艺术有着重要的联系。设计意图的考虑与表达都必须对比例与尺度进行推敲。离开了比例尺度，就意味着失去了形状比例的参照，因此比例尺度不仅是定量的关系，而且也是一种美感特征的数据化、理想化的集中体现。它将美的感知因素转化为理性认识，作为形式美感的量化标准来衡量美和表达美。

比例与对照在公共艺术设计中是一个非常值得关注的问题，比例与对照不仅是作品本身的问题，更是作品与空间环境的整体关系中的问题。比例是一个数学概念，通常是指物与物之间的体量、数量和尺度关系，对照则是指比例间的相互参照。在设计时景观公共艺术，通常因环境的具体条件所限，需要在作品尺度、距离、方位、色彩分布等方面进行反复的思考和探究。换言之，脱离了特定环境的作品尺度是孤立的、没有依据和不可成立的。在对公共艺术作品的比例尺度进行制订时，通常要根据现有基地条件，比如周边空间和环境元素的状况、尺度关系等，制订出作品的大概尺寸。同时需要考虑作品所在基地中的位置，也可以从功能关系上进行定位，制订出合适的方位。作品尺度的大小完全取决于基地中可获空间的大小，也就是说作品尺度的大小必须与所在场地的大小相协调。最初所制订的大概尺寸在深化阶段需要加以更改和调整，以达到一个与环境相互平衡的比例关系。以雕塑类公共艺术为例，在设计其尺度大小时，应该考虑到它的高度、体积、形态、色彩应该与周围的环境形成怎样的协调关系。

公共艺术是建立在建筑以及人文景观环境中的艺术，一方面在尊重自然比例的前提下，用写实手法来表现自然，而另一方面也会在一定程度上超出自然比例的限制，根据需要来安排作品本身和作品与环境之间的比例关系。例如，美国波普艺术家克莱斯·奥登伯格、杰夫·昆斯、中国旅法艺术家王度等人的作品都是以夸张变形的手法来进行艺术创作的，从而加强作品的艺术视效。在具体的设计中，我们要牢牢把握作品与建筑以及整体景观环境的关系，并在造型、视觉尺度等方面形成整体对照，以此最终达到协调、统一的艺术效果。

（六）以小见大

公共艺术作为环境的一部分，和其他环境要素一起构成了空间的形态面貌。其中建筑在环境中的尺度、体积和功能作用要超出公共艺术，即便是体形巨大、占有一定空间的作品也仅仅是在建筑围合的环境中出现的，因此最初的公共艺术给人以建筑环境的附属品的印象。如今城市空间环境的开发建设使得空间性质和形态呈现多元化、特征化、开放化的趋势，公共艺术不再作为建筑环境的装饰品，而成为可独立表现的环境公共艺术品。注重将功能和审美、精神和娱乐予以有机结合，不再仅仅注重大的体积尺度，而是着眼于作品在环境中的细节表现，以细致入微的点缀和装扮，使人在潜移默化中产生大的情感共鸣，以达到以小见大的效果。例如京都站前邮局的邮筒上设置的人物公仔形象，虽然仅仅是以装饰美化的作用出现，但人物可爱的传统发式和服饰，充分地彰显了京都这座古城的地域特色，让人深刻感受到所在城市的文化特征。

所谓以小见大即是从小的、局部的细节之处可以看出大的、整体的面貌。这需要设计师细致考虑作品在环境中的配置地点及分布情况。一般以单体作品在游人意想不到的空间里加以设置，或以复数的同一风格样式的作品在环境中反复出现，对人的视觉和行为活动起到暗示和引导的作用，使人在行为过程中不经意间感受到作品，逐步形成潜移默化的精神作用，通过眼前的小作品对整个环境场域展开扩展式的精神遐想。以小见大就是将统一和对比的手法相结合，运用作品形式内容和空间环境的构成关系，从细节之处唤起人们的精神共鸣。在设计中这种手法往往能起到四两拨千斤的效用。

二、美学价值原则

艺术不是任意妄为的，无论它采取何种形式、表现何种内容，它都应该被赋予某种寓意，作为一个话语者向人们解释或传达某些观念或思想。如果艺术没有给人带来任何感受，它便缺失了存在的价值和意义。艺术的形式总是在种种变革中前行，在不断迭变更替的过程中完成。从传统的古典艺术到观念解体的后现代艺术，从备受追捧的浪漫主义到令人费解的抽象表现，所有的艺术都迎合或挑战着人们普遍的价值观和审美观，在时间的考验中完成持久的、被认同的存在意义。

为适应社会的发展需要，紧跟世界艺术教育的发展方向，"把艺术带入生活"已经成为现代人享受生活乐趣、提高艺术文化素养的手段之一，更是今后当代社会、当代文化的发展方向。艺术性始终是公共艺术得以成为艺术作品的首要属性。首先，从造型艺术的角度来说，景观公共艺术是以物质形态呈现出的具象或抽象的艺术，美学问题是亟待解决的首要问题。其次，景观公共艺术美学需要考虑的是人的审美感受，使人形成审美意识，也就是精神层面的艺术感知和认同。美学作为一门独立的学科，一方面依赖于人的审美活动、艺术活动的实践，从理论上概括社会的审美经验；另一方面又能够反过来指导和影响社会的审美意识发展，推动艺术实践发展。

美学研究的范围包括现实美、美感、艺术美和人对美的认识。是客观现实的美作用于人的感官和意识、心理和精神的活动。美学的基本理论之一，是强调艺术作品的内容与形式的统一。艺术作品必定先有内容，才能产生相应的表现形式，内容决定形式；反之，完美的艺术形式又能动地参与艺术内容的创造，使艺术内容产生艺术魅力和艺术感染力。艺术内容与艺术形式统一的美学原理，是公共艺术设计应当遵循的基本原理。

美学研究对象三个相互联系的方面，对公共艺术设计和设计行为都具有普遍的指导意义：首先，从客观方面研究审美对象，阐明美的本质和根源，研究美丑的矛盾发展、美的各种存在形态等；其次，从主观方面研究审美对象反映的审美意识，阐明它的本质、反映形式的特征及其历史发展的规律；最后，研究审美意识的物质形态化的艺术表现，阐明艺术的本质、内容、形式、种类，研究艺术创造的规律性、在作品中的反映程度以及人们对艺术的欣赏与评价。景观公共艺术综合了众多的艺术样式。在理论研究和设计实践中，要遵循诸多美学规律和原理，将其作为理论研究与实践活动的准则，运用到设计和艺术创作中。

究其美到底是怎样的一种事物。从客观上说，美是事物固有的引起人愉悦感的能力；从主观上说，审美快感来源于人的内在感官。美的特性体现在当人向美之事物进行审美观照时，美作为客体所具有形象的可感性、尺度的完善性、形式和内容的统一和符合人的尺度的鲜明特征。而从美的表现形态来看，又有如下划分。

（一）自然美

自然美指自然事物之美。自然美的本质特征在于它是人的本质力量在自然事物中的感性显现，是自然性与社会性的统一。

自然美的自然性是指自然的基本属性和特征，即人的感官所能感觉到的自然原有的感性形式，如形态、色泽、肌理等。这是形成自然美的必要条件。随着人们改造自然的能力发展，人与自然的联系越来越紧密，自然美的领域不断扩大，自然事物也越来越多地成为人们可亲近的对象，并使人们对自然充满兴致的关怀。此外，还有一种未经人类改造的自然美，它们也是人类生活不可或缺的东西，如太阳、山川、海洋，由于这些是给予自然界生机源泉的自然景物，因而给人以永恒、力量、和谐、深邃、神秘之美。可见，面对广袤浩瀚的自然之美，人们要做的并非改造，而是极大地尊重和顺应。

自然美的社会性是指自然美的根源在于自然和社会生活的客观联系。自然和人的生活发生了联系，对人具有一定意义或价值，才可能成为美的对象。换言之，自然美产生的根源在于人类的社会实践。人类通过自觉的实践活动，给客观自然打上了智慧的烙印，使大自然逐渐成为和人有着密切关系的"人化"了的自然，它们被人们所改造和利用，并为之欣赏和感悟。这种自然凝聚着人类的劳动，经常作用于人们的感性和理性，唤起审美愉悦，如金黄的麦田、欢乐的海滩、恬静的花园。

（二）社会美

社会美指社会生活中的美。它同样源于人的社会实践，与自然美不同的是社会美与社会实践的关系非常直接和明显。人类的物质生产是社会存在的基础，也是社会美产生的基础。人与人的关系在人类物质生产过程中必然结成一定的社会关系。人与人之间关系的美直接源于人们在各种交往活动中所体现的言行和思想上的好感和美感。也就是说社会美的内容直指人们的社会生活，人们的审美关系必须受制于物质条件、政治条件和其他精神条件，并随这些条件的变化、发展而变化、发展。社会美必然具有它那个时代的经济、政治、文化和民族、阶级的特色。社会美的最大效用是通过愉悦人的身、陶冶人的情操、净化人的心灵，提高人的生活质量，有利于个体自由、全面地发展。

（三）艺术美

艺术美就是艺术形象之美。任何艺术形式都不能离开艺术形象的描绘，人们感受到的艺术作品之美是通过艺术形象来呈现的，没有形象，艺术不复存在。艺术美是现实美的反映形式，而我们透过形象所看到的美是根据现实生活中各种现象加以艺术概括、提炼所创造出来的具体生动图画。艺术形象不仅仅局限于造型艺术中的物象，诸如音乐就是通过旋律表达出的思想情感，再构成的音乐形象，这就是音乐的艺术形象，这种形象便是诉诸听觉、想象中的形象。艺术美是艺术家创造性劳动的结果，是对真实的生活进行艺术再创造的结果。

艺术美需要三个要素。其一，艺术的真实性。艺术绝不是简单的模仿和照搬生活。它凝聚着艺术家的思考，倾注了艺术家的感情，是对生活材料的加工、提炼和改造。通过个别反映一般，通过具体的艺术形象反映普遍的生活规律，构成艺术美的基本特征。

其二，艺术的情感性。艺术美作为审美意识的物化形式，必须包括艺术家的感情。美是艺术的特征，该特征就在于直接诉诸审美的情感。其三，艺术的独创性。艺术美的生命在于表现人的感情，但是这种感情的表达必须通过恰当的美的形式来表现。别林斯基说："在真正的艺术作品里，一切形象都是新鲜的，具有独创性的，其中没有哪一个形象重复着另一个形象，每个形象都凭它所特有的生命而生产着。"

（四）形式美

形式美指各种形式因素，如空间、造型、形态、样式、色彩之间相互关联，且有规律的组合。形式美存在于自然美、社会美、艺术美之中，往往与事物的自然属性相联系。形式美的法则体现在协调性的原则上，如统一多样、整齐一律、平衡、调和对比、节奏韵律、比例体量等。正如本章前一部分的"景观公共艺术与空间关系的协调性原则"，其内容就涉及公共艺术与空间之间的形式美法则。

可以说，形式美是人类在长期实践活动中，自觉运用形式规律去创造美的经验总结。形式美的法则对美的创造起到至关重要的作用。但形式美法则并非一成不变的，是随着美的发展而不断发展的。需结合具体内容和实际情况而灵活地掌握和运用。

（五）科技美

科学技术的发展，已经构成当代社会的生存基础，也就是说，现代科技所构成的生产力，是今天人类社会作为本体存在的基础。技术美是美的本质的直接显露。美之所以构成，也正是通过科学技术来消除目的性与规律性的对峙，从而达到自由境界的随心所欲。

不同民族和文化传统对作品美学质量的量度有着深刻的影响，对如何去衡量景观公共艺术作品的美学质量和价值，可以从以下几点进行思考。

1. 作品的美学质量是景观系统与人类审美意识系统相互联系、作用时的功能表现，所以作品的美学质量不仅取决于作品的客观特性，还取决于人的主观审美趣味。

2. 作品的美学质量可以在审美者的态度中反映出来，而心理学的发展提供了定量测量态度的方法，因而这种审美态度会有一个测定值，可称之为"美景度"。

3. 景观公共艺术是面向大众的，大量研究证明人类具有普遍一致的景观审美趣味。所以说大众的审美趣味是衡量景观美学质量的标准之一。

4. 景观系统各要素之间是相对独立的，并在不同程度上影响着景观的美学质量；同时景观系统各要素之间又是相互影响、相互作用的，它们共同作用于景观美学质量。

综上所述可见，作为景观公共艺术所具有的美应该是因势利导，而非强行产出的。吸收来自城市生活中的艺术灵感，才能够设计出迎合大众艺术审美取向的作品。这种蕴涵城市之美的公共艺术作品会无形中把这种美反哺给城市，才可能开发出额外的功能价值并得到人们的接受和认同。公共艺术通常运用具象描写、抽象提炼、象征、隐喻等表现手法传达艺术信息，通过对空间、主题、材料上的最大可能性的探求，呈现多样化的艺术形式，以此达成和民众的精神对话。以空间为例，景观公共艺术在公共生活中所构成的审美空间对现代城市的市民生活具有重要的、多方面的意义。它通过视觉强制性的精神阅读，构成对地域特征和空间结构有着具体、生动的感知和记忆，推动市民之间以公共艺术为媒介的公共生活的精神交流与沟通，对日常生活起到经常性、想象性、情感性的美学陶冶。

公共艺术作品作为公共生活中的艺术样式，始终以公共性为主旨，不可能是争斗性的、矛盾性的，更不可能是对社会伦理和风尚提出严重挑战的艺术作品。这种公共性有民族、时代的特征，有地域的和主流人群的话语规范，也有源于长时期的特定民族历史积淀的传统的精神基因。但是所有优秀的作品都会给公共生活提供一种乌托邦的艺术气质，让我们从日常生活中抽身，从公共生活的平凡嘈杂中想象另一种可能性和生命的启迪。此外，景观公共艺术在艺术样式和表现力上是相对独立的，它区别于一般只是具有艺术装饰美感的环境景观，如修剪得富有动态韵律的、呈波浪状的绿篱，座椅扶手上精美的铁艺镂空花纹，地面上呈色彩渐变图案的铺装，这些都仅仅是环境艺术的造景表现，虽然也都具有艺术性，但不能和公共艺术相提并论，混淆概念。

三、公共性、场域性和文化性三位一体的原则

公共性和场域性是公共艺术的两大特质，也是公共艺术存在的必要条件和基础。前者的指向为社会和民众，后者的指向为空间环境，作为设计师应该自始至终把两个特质作为设计原则。此外，当前我国城市文化呈现出的"趋同现象"以及文化个性的觉醒和对特性的需要与追求，这两方面已然成为中国城市文化的一种显著发展特征。公共性、场域性和文化性分别对应着民众、环境和精神内涵，三者的关系又从侧面反映出社会和人文之间的关联。景观公共艺术设计师应该将三者看作一个有机的整体，以三位一体的原则构建起公共艺术整体多面的设计指导思想。

美国艺术家保罗·克利曾说："艺术是文化的花朵。"这意味着艺术之花需要靠文化土壤的滋养才能成长开放。可见，一方面，文化作为艺术的基因，被视为艺术的本质属性；另一方面，从文化的广义概念上来看，文化是人与环境互动所产生的精神与物质成果的总和，如生活方式、价值观、知识体系、科技成果等。因此文化的积淀又是建立在城市自然发展的基础上的。公共艺术作为城市环境的一个组成部分或是环境规划里的一个表现样式，通过与人互动形成艺术文化的暗示和影响，从而带动公共艺术文化潮流。这是

在民主政治及公民社会下，创造以公共性为核心，公正、和谐、自由和共享合一的文化实践方式。吴良镛先生曾在《城市特色美的认知》一文中对文化特性问题提出两点：第一，文化特性并非僵化的遗产，也并非传统的简单汇集，而是一种社会内部的动力在进行不断探求创造的过程。它自觉自顾地从所接受的多样性中汲取营养，并且欢迎外来部分，加以吸收，必要时予以改造。换言之，文化绝不等于退回到将特性变成一成不变的、僵化的、封闭的东西，而是一个不断更新的、充满活力的、持续探索中的具有独创性的合成因素。这样，特性的追求便成为个人、组织、国家民族的进步条件。第二，捍卫文化特性不仅仅是古老价值的简单复活，而是要体现对新的文化设想的追求，正因如此，它为人们不断增加对未来的责任感，把有价值的工作持续延伸下去，而使语言、信仰、文化、职业等发挥独特之处，使之绽放异彩，并以此加强其内部的团结，促进其创造能力。

在英国卡迪夫市海关街上设置着一件名曰《双手》的景观雕塑，用以表现曾经劳作在格拉摩根郡运河上的工人形象。双手的造型写实，坚韧有力，紧握船绳的那股力量又让人深感沉重劳动的艰辛，不禁联想到该地区的历史和人们生产劳作的痕迹。

如前所述，场域作为一个社会学概念，具有一定的环境属性。场域并非一个实体场所的存在，而更多是的指在个人、群体之间想象上的领域，也就是人与环境相互作用下所产生的精神意义场所。从另一个角度来说，场域与时间维度又是密不可分的。正如卡迪夫市海关街上的《双手》雕塑，重又唤起人们对曾经劳作在格拉摩根郡运河上的工人们的记忆。而环境的场域性和时空维度正是由场所、作品和人的行为活动来共同承载的，场域感和时空感需要依靠场所的意义、作品的塑造，还有人的体验来实现。总之，空间的精神意义能更好地达成人与环境的互动，这种精神意义的空间所形成的场域效应对人有着深刻的影响，使人产生一定的视听效应和心理效应。

从场域给人带来的视听效应分析来看，观看是人认知世界的最直接方式，感官中的视觉感受最具影响力。人所产生的视觉化效应来源于视觉形象作用，形象具有引人注意、加深记忆、唤起联想和情感共鸣的功能，形象越富于变化和多样，它的作用就越强。在景观公共艺术设计中，视觉效应直接取决于作品自身的样式形态及它与各环境要素之间的关联运用。例如阿拉米达市海湾轮渡码头广场的螺旋桨、工字钢梁的红色座椅、连着铁索的船锚界碑，这些都是一种最直接的视觉效应。

人的视觉效应还源于色彩作用。色彩变化会产生不同的视觉和情绪，有时还有其特殊的象征意义。在寒冷的北方城市，景观环境中更多暖色和中性色的运用会使人产生温暖感和凝聚力，在沉闷、漫长的冬天也能感受到几分活力。相比之下，南方城市在景观环境中所采用的整体色调则应偏于冷色，或是以部分暖色加以点缀，既能从整体色调上给人以清新爽朗之感，又能从局部中捕捉到跳跃、亮丽之色，以达到视觉上的平衡。此外，环境声音的模拟所产生的听觉美也具有很强的时空穿梭和延伸的感受，这包括人工声音和自然声音，例如环境中人工音响设备的配置，以及自然景观中溪流山涧、泉泻清池、雨打芭蕉、风吹松涛、幽林鸟语等自然音响，在特定的环境中都能给人以精神上的享受。

心理效应是人或事物的行为作用引起他人或事物产生相应变化的因果反应或连锁反应。人介入空间环境中出现最多的心理效应是"暗示效应"和"从众效应"（也称羊群效应）。环境中的暗示效应是在无对抗的环境条件下，运用环境要素，直接或间接地对人的心理和行为产生影响，从而引导人按照一定的方式去行动或接受一定的信息传达，使其思想、行为与设计者所期望的目标相符合。这就需要设计师在以人为本的前提下，剖析人在所处环境里的心理活动，准确地运用空间手段加以暗示，以达到心灵上的碰撞与共鸣。

人在环境中的另一种心理效应体现在从众效应上，即在群体作用下，个人对自身行为活动的调整与改变，使其变得与其他人更相似。人在环境中的活动体验是一种潜在的自我强化的过程，从众效应正是在活动过程中的具体表现。当一个人在做一件事时，另一个人表现出明显的参与倾向，个人活动会作用于他人，反之他人也会影响个人活动。由此可见，如果此活动行为的功能性在最大条件上能够符合场所需要，就能充分地赋予该环境场所意义，使场域性得到更好的体现。

成功的景观公共艺术作品或项目通常呈现公共性、场域性和文化性的特征，这也正是公共艺术的魅力所在。

在英国，一年一度的复活节作为仅次于圣诞节的第二大传统节日，备受人们关注，而每年的复活节彩蛋更是关注的焦点。按传统习俗来说，彩蛋里隐藏的礼物才是最吸引人的，最具魅力的。2012年的英国复活节，伦敦艺术家们以节日为契机，运用彩蛋这一媒介物进行了一场复活节彩蛋的艺术展，参加这次设计彩蛋活动的艺术家来自各个领域，其中不乏建筑师和珠宝设计师。他们在蛋身上绘制了各种题材和形式的图案、画作，对于英国民众来说，他们所寻找的宝物不在彩蛋中，而是彩蛋本身。从蛋身上人们可以领略到大千世界的风采，可以捕捉到心灵深处的一丝触动和震撼。伦敦考文特花园广场的彩蛋艺术品展宛如一个共享、交流文化的大课堂，人们穿梭其中，尽情体验彩蛋所带来的艺术文化享受。同艺术牛一样，此次展览也是一项公益事业，由资深艺术家设计的彩蛋会被进行网上拍卖，而所得的拍卖额将作为两处慈善机构的筹款。

可以说，当代公共艺术是一种以"艺术"为前提、以"创新"为品质、以"文化"

为属性、以"互动"为语境、以"发展"为指向的崭新文化现象与景观。公共艺术涵盖了环境艺术、艺术景观，其实更是艺术化、社会化的文化景观。艺术化、社会化作为实现公共艺术的手段，其核心是透过艺术实践使其物化的建设过程，促使公共艺术作品更好地承担文化传播职责，呈现艺术本体的文化价值与思考。

四、可持续发展原则

"可持续"一词最初源于自然生态保护学说。联合国环境与发展委员会于1987年发表了《我们共同的未来》，文中全面地阐述了可持续发展的理念，而后可持续发展作为注重长远发展的一种模式而被人们广泛熟知。之后更是在社会、环境、科技、经济、政治等诸多方面被冠以不同角度和层面的定义。可持续发展的内涵包括经济、社会和环境之间的协调发展。从经济与环境的可持续发展来看，是强调经济增长的方式必须具有环境的可持续性，即最少地消耗不可再生的自然资源和环境影响，绝不可危及生态体系的承载极限；从社会与环境的可持续发展来看，是强调不同的国家、地区和社群能够享受平等的发展机会。

1992年，联合国环境发展大会达成的《全球21世纪议程》，标志着可持续发展开始成为人类的共同行动纲领。整个文件分为四个部分，分别涉及为经济与社会的可持续发展、可持续发展的资源利用与环境保护、社会公众与团体在可持续发展中的作用、可持续发展的实施手段和能力建设。每个部分都分为四个层面，分别是可持续发展的主要体系（经济与社会、资源与环境、公众与社团、手段与能力）、基本方面、方案领域和行动举措。

1994年，我国政府正式公布了《中国21世纪议程——中国21世纪人口、环境与发展白皮书》。文件认为可持续发展之路是中国未来发展的自身需要和必然选择。《中国21世纪议程》根据中国国情阐述中国的可持续发展战略和对策，分别是可持续发展总体战略、社会可持续发展、经济可持续发展和资源与环境的合理利用与保护。《全球21世纪议程》把人类住区的发展目标归纳为改善人类住区的社会、经济和环境质量，以及所有人（特别是城市和乡村的贫民）的生活和居住环境。人类的住区发展任务包括向所有人提供住房，改善人类住区管理；促进可持续的土地利用规划和管理；促进综合提供环境基础设施；促进人类住区可持续的能源和运输系统；促进灾害易发地区的人类住区规划管理；促进可持续的建筑业；促进人力资源开发和能力建设以推动人类住区发展。

随着城市化发展进程的加快和人们对居住环境的重视，"可持续"一词在环境艺术领域中得以运用和普及，直至今日已经成为该行业里的流行术语。"可持续发展"意指既满足当代人的需求，又不损害后代人满足其需求能力的发展，还可理解为能够把某种模式或状态在时间上延续、持久下去，也有自给自足、自我维系的意思。

"可持续设计"作为一种设计理念和方法手段，是每一个景观公共艺术设计者应严谨考究的。可持续设计意在创造以自给自足的方式、使用最小的能源消耗和维护、能够持久下去的公共艺术作品或景观环境。景观公共艺术的可持续发展原则针对的并不仅仅是公共艺术本身，更多的是指公共艺术所带动起来的地域文化和人文文化上的可持续发展。这种可持续发展是在环境优先的大前提下展开的。

景观公共艺术的可持续设计涵盖内容诸多，概括起来有如下几点。

首先，应避免设计对原有基地环境的影响，或将这种影响最小化。最终方案应对原有地形地貌条件给予更大的支持和利用。这意味着在不破坏基地现状的前提下进行重构。

其次，在设计上要极大地契合区域背景。了解该地域的"前生"和"今世"，才能得以将公共艺术作品与地域文化融会贯通；在作品材料的选用上应挖掘本地材料资源，就地取材；对废弃且可批量生产的材料回收再用，大大节约材料及运输成本，还可使材料更富有地域特征；在区域气候方面应协调好环境的各种自然因素，如风向、日照、降水量、温度变化范围和周期。

最后，环境修复。公共艺术最为实用之处是它的环境治愈功能，这使它更多时候在扮演着改善受损环境的重要角色。除了对原有基地中出现的问题和不适当之处进行修正或移除之外，更重要的是对环境场域特征和氛围的修复。这需要在方案设计中始终把握整体和局部环境间的关联性，通过景观公共艺术将环境场域精神贯穿起来，从而使该地区的文脉涅槃重生，朝着健康持久的方向发展延续。

有"南宋御街"之称的中山路是杭州一处历史悠久的传统文化街区。为在当下更好地体现杭州传统历史文化名城风貌，政府于2007年对中山路做出了综合保护工程项目的提案，南宋御街的公共艺术精品长廊方案作为该项目的一部分被实施。南宋御街公共艺术项目意在挖掘老杭州历史文化碎片，在尊重老街区原有面貌和格局的基础上，将公共艺术和市井商业相融合，南宋御街以此为契机得到历史文化和艺术特色上的全面打造。

2010年，公共艺术精品长廊中的15件作品亮相御街，其中一组名曰"杭州九墙"的公共艺术作品受到广大市民的喜爱。该作品是于御街景观阁围墙的东南西北分布设置的九面景墙，由中国美术学院公共艺术学院院长杨奇瑞教授设计。《河坊阁楼》《杂院轶事》《曾经故园》《陌巷无觅》《石库门们》等九面不同主题内容的艺术景墙，每一面墙都宛如由实物构筑起的浮雕，形成丰富的空间感和场域感。例如《杂院轶事》里的老式凤凰牌自行车和电表；《曾经故园》里煤炉上的老式铝壶；《河坊阁楼》的木制楼梯和军用挎包。这些老物件都是在当今城市发展中不易被存留、正逐渐消逝却又令人倍感熟悉和怀念的。参与制作人员花费一年时间从杭州各处苦心收集而来的这些生活道具和建筑部件,带着对老杭州的回忆凝结在九面土墙的断面里。在这里人们能寻到岁月留下的那段生活印记和精神诉求,面对这些艺术景墙,就好像在和久违的老朋友聊着天,叙着旧,令人倍感亲切。在现代都市里出现了这样既陈旧又新鲜的景致,就连少不更事的孩子们也觉得它们可爱有趣。而老人们更视它们如珍宝,遛弯散步的时候总是会想到过来看看它们。

作者对原素材进行"移花接木"式的再造和组织,甚至把许多分散的元素进行浓缩与聚集,使得素材既熟悉又陌生,虽破败但见美。其中也有考虑到素材的将来维护而忍痛割舍了一些很有表现力的原型。根据现场的环境尺度结合中国人传统造型中造势的研究,主题分布由贴着景观阁底层基础单一的环绕分布调整成为聚散分布。这样一来,聚散适宜,空间变得更丰富流畅,把整块场域充实起来,使其不再孤立和紧凑,并且让作品融在整个环境中而不像是在做单个雕刻展。许多道具的选择是随着几块墙体大空间生成后做了许多适应性的调整,如原定于"曾经故园"门口放置的藤椅改为煤炉使场面更有些动感,尺寸也更为搭配。再后来的颜色调整阶段是从精神指向上以久而不脏、老却当代的艺术效果去把握每一堵墙,使其共同链接在整体关系中。

另外,作品用粗犷冷酷的钢材框住,亦是一种对比。这种对比是一种隐喻,流露出一种本土文化被工业文明包围而逐渐远去消逝的那份淡淡的哀伤,体现了艺术家对本土和地域文化及历史的一种深刻的理解。在构图的处理上,为了具备扩展性和加强空间感,艺术家做了精心的组织,如《杂院轶事》老旧的水管在墙面的四分之一处由下至上到离顶30cm伸进墙体,以及电风扇、电表箱的线都串出墙边等都是突出空间的延展性、可读性。

对于有些艺术家来说,所谓可持续发展的原则或理念,其实往往就是他们尊重自然的一种态度,只要本着这种态度去审视眼前的作品,就会化腐朽为神奇,使平淡了的事物变得活力无限。可持续设计并不都是在大规模的规划下展开的,对个别、细小的东西也可以进行可持续的开发。在卡迪夫北部一处历史悠久的公园里,坐落着一件生动的木刻作品。仔细去看这是一棵已经腐朽残坏了的大树,艺术家因地制宜,直接在树身上面雕刻了一只狐狸和一只猫头鹰。两个动物的造型惟妙惟肖,诙谐有趣,有了这两个新伙伴的加入,原本孤零死板的老树骸变得有了生气。可以说艺术家的巧妙设计,最大限度地保有了树木的原貌,使这棵树既具备了个性的艺术美,又不失自然的质朴,重获了新的生命力。动物和植物的有机结合,使人们在满足视觉享受之余,又不得不去重新审视自然和生命。可见,该作品的创意无论从造型上还是精神上,都对保护自然的概念做了深刻的定义,让人不得不去反思其中的真意。

第四节 景观公共艺术的构成要素

一、人和社会要素

人的参与是公共艺术的核心要素,而社会又是以人的意识形态和行为活动所构建的。人与社会的关联性对公共艺术有着深刻的影响。景观公共艺术虽然是空间与物质实体范畴,但是它与人际层面息息相关,具有重要的社会意义。公共艺术设计源自社会公众,服务社会民众,并非个人之事。小到民生民情的生活琐事,大至地区地域的社会动向发展,景观公共艺术所具备的公共性其实就是针对社会和民众而言的。此外,作为环境里的公共艺术要发挥一定的社会作用,它要解决的既包括环境审美,也包括社会民主和民众权利问题,作为当代艺术的一种形式,公共艺术具有社会学和艺术学的双重意义。政治、经济、文化、历史、环境、民生都对公共艺术设计有着重要的影响,这些内容是公共艺术所要力争传达和表现的。正是景观公共艺术特有的公共性,才使它有别于其他艺术形式,而独具综合、多元的艺术特征。

可以说,满足人类聚居生活方式,并创造这种发展需求的可能性,不但是公共艺术设计事业的终极目标,而且是人类社会进步的原动力。从产业革命之后,崇尚、追求、依附设计的高速发展,到今天倡导以人为本、可持续发展的宏伟世纪战略,都是人类对自身价值和地位的重新认识和评估,这标志着人类社会向更高层次和目标迈进。当下,彰显环境和谐、信息传播优质的人文思想已成为知识经济时代社会的大发展趋势。设计师试图在人的主体地位和人与环境、人与信息的双向互动关系中,强调尊重、关爱的宗旨和理念,并将其贯彻落实在景观规划设计、环境艺术设计、信息传播设计、设施设备设计及公共艺术的创造活动中。

在景观公共艺术设计中,最主要的特征之一就是大众的参与性,离开了这个基本点,公共艺术设计也就无从谈起。公共艺术设计行为应最大限度地调动大众参与的积极性和可能性。首先是内动力的觉醒体悟,从需求着眼,力图让公共艺术设计关联到每个人,使更多的人,从更多的视角、方面、层面参与到活动中来,发挥主、客观直接交换的互动共振,产生共生共荣的作用;同时,也应留有多种选择的自由度;再次,作为活动的空间、信息传播的媒体，都应具有深广的文化内涵，使人在参与中受到文化的感染和熏陶，使之积极参与文化意义上的认知和理解活动。总之，对于整个社会而言，公共艺术设计行为既是一项系统工程，也是一项实用工程。它不仅在环境、传媒、文化等方面提升品质，而且能够提高社会的整体素质和水准。在这个意义上，重视公众参与的社会原则就有了十分积极的现实意义和深远的历史意义。

从景观公共艺术的社会功能分析中得到如下三点。

1. 暗示与启发功能。暗示作为心理学用语，可分为语言暗示、动作暗示和物体暗示。公共艺术正是通过物体暗示作用于人的视觉，使人产生意识、思想和感知，进而发挥心理暗示作用。而景观公共艺术具有造型艺术的直观性、形象性以及单项性特征，使各种人群处于一种被接受的状态，这种接受状态会从被动逐渐向主动转化，使人从中感知和领悟作品的内在含义，具有潜移默化的启发、启示作用，这种人与作品在平等、共享的环境下所进行的交流和互动，可以达到不同凡响的社会美育功效。

2. 感召功能。景观公共艺术以各种公益性的、纪念性的方式去营造艺术作品与环境，对人的心理产生积极的、健康的作用与影响。

3. 警示功能。通过不同形式、主题和功能的作品对人们在日常生活言行、社会规则、历史事件等方面起到警醒、提示的作用，以便将危害人身安全、危害社会的行为加以约束和控制。

景观公共艺术的社会效应源于开放、共享的城市公共空间和人与人之间平等、自由的交流。人际交往具有信息沟通、思想沟通、情感沟通等诸多功能，城市环境里的人需要彼此间的交流，城市公共空间需要与人性相契合，公共艺术更需要以不同的样式融入不同的空间形态中，服务于不同的人群。

《深圳人的一天》坐落在深圳园岭居住区南侧的一块绿地上，它以人物铜像系列的样式表现了深圳市民一天里的众生相。这组大型纪实公共艺术被形象地誉为"20世纪深圳市民的纪念碑"，这样的称谓源于作品的创意理念和独特的表现样式。

首先，该作品的方案是在基于一个平民化的构想下展开的。艺术家们认为应该通过一组作品切实地将大众百姓的生活状态、精神面貌记录下来。于是设计师和雕塑家选择了他们认为在深圳最具代表性、最能体现深圳城市特色的18类人：教师、工人、中学生、公司职员、外来求职者、退休干部、儿童、外国人、医生、保险业务员、工程承包者、股民、巡警、休闲者、公务员、设计师、企业家、环卫工人。这些模特都是设计师和雕塑家在某一天的城市街头随机挑选出来的，依照事先设定的人物角色类别，将每种类别中所遇到的第一个人作为模特而选定下来，当然这种选定是在征得对方同意的前提下进行的。

其次，人物塑像采用等比例翻制成型的方法制作而成。雕塑家先对模特进行等比例的造型翻制，根据翻制下来的模具再制作成等身大的青铜像。就像乔治·西格尔的作品一样，按照真人大小直接翻制成型，其意义和雕塑出来的人像是完全不同的。艺术家们正是要将人们极其普通的城市生活片段用翻制的方法定格下来，截取城市生活的横断面，凝固城市生活的瞬间，以求得个体性和真实性。这里的每个人像都是以个体的姿态存在于空间中，在他们身旁都有一个铜牌，上面镌刻着姓名、籍贯、年龄以及在这一天正做着什么。

最后，人物塑像与空间环境相结合，营造出城市人文空间场域。由四部分不同形态的黑色抛光花岗岩所构成的浮雕墙，将整个环境进行秩序地划分和围合，在活化空间界面的同时，又成为人物塑像丰富的背景。此外还有用青铜和花岗岩制作的与塑像相配套的生活道具，如清洁车、自行车、具有使用功能的电话亭等。在这里，民众真正成为公共艺术的主人，高度纪实的表现手法客观地再现了人们的生存状态，真实反映了社会与人的各种关联。

公共艺术的设计过程就是一次审视社会、对话民众的过程，因此公共艺术设计涉及社会学、心理学、行为学等相关学科，公共艺术的形式内容一旦脱离了社会民众，则不予成立。随着2016年奥运会筹备工作在巴西里约热内卢市的展开，该市的棚户区改建工作受到来自社会各界人士的关注，政府决心彻底整治困扰该市已久的棚户区问题，力争将其改建成普通的住宅居。来自荷兰的街头艺术家杰伦·库哈斯来到里约热内卢的贫民区，尝试用鲜艳的颜色和明亮的色调，将这个世界上最危险的地方改造成一个现实生活中该有的居住地。

由荷兰艺术家杰伦·库哈斯和德鲁·乌尔哈恩组成的"哈斯 & 哈恩"艺术团队早在2005年合作制订了"贫民区绘画项目"计划，2006年，他们开始在巴西进行以社区环境为主导的艺术构想，并在里约热内卢北维拉·克鲁塞罗棚户区展开了第一个艺术介入项目。2007年，哈斯 & 哈恩在克鲁塞罗的一栋建筑立面上完成了一件巨幅壁画，随后又在一座大型混凝土防洪装置上完成了另一件大型壁画。在克鲁塞罗项目上的成功启发了他们在里约热内卢的一个非常大的棚户区桑塔·玛尔塔进行了名曰"奥摩罗"的艺术项目。他们发现这里虽然过于贫困，但依山而建的社区建筑群呈现出与山势相互依托的奇异之美，这在山坡上显得非常突出。由于该棚户区的位置在著名的地标和旅游地面包山和科尔科瓦之间，那里最高处有巨型基督救世主纪念碑，因此在该城市的多个地点都能够看到这片棚户区。哈斯 & 哈恩希望经过自己的努力把这些房子变得五颜六色起来，能为色调灰暗但又别具建筑特色的里约棚户区重新定制一份艺术新装，从而带动这些地区的旅游及经济发展，以此改善住民的生活，此为该计划项目的最大目的。

2010年，哈斯&哈恩在当地居民的协助下创作完成了在玛尔塔社区的"奥摩罗"项目，该作品展示了公共领域创新的、私人出资的、艺术家领导的区域营造项目。乌尔哈恩形容"奥摩罗"是一项自由的艺术。它不是由政府机构委托的，而是由基金会独立资助的。项目资助方付钱给当地的年轻人来鼓励他们参与此项工作，指导他们如何在脚手架上安全工作，如何使用涂料，以及怎样按照事先设计好的图案来绘制他们自家的房子。这个公共艺术项目给当地人带来一种从未有过的愉悦感，催生出希望，激发了他们对自己社区的自豪感和主人翁意识，对当地产生了久远的影响。这个项目是有机的，且极具变通性，随着募集到越来越多的资金，项目开始陆续向更多城市扩展。哈斯&哈恩发起的"贫民区绘画项目"慈善行动无疑使当地人摇身变为艺术工作者，当地居所则成为他们的画布，诸如棚户区这样处于底层的社区也因此获得了尊严，成为全球最鲜艳夺目的社区。"奥摩罗"项目的完成不仅仅是抚慰人心的一次艺术尝试，利用这项公共艺术拓展地区旅游业，着实为棚户住民争取了更大的生存机遇，也证实了公共艺术在社会功能上体现的至高价值。

二、空间环境要素

公共艺术与私有艺术的最大区别在于设置场所。正如未来派主将博乔尼在20世纪初的《未来派雕塑的技巧宣言》里所述的那样："不通过环境的雕塑就不可能有革新，因为雕塑的可塑性只有通过环境才能有所发展且持续下去，才能塑造事物周围的气氛。"这意味着公共艺术与公共空间有着密切的联系，它并非独立存在，而是与所在环境一同作为一个整体空间被设计考虑的。

空间是构建环境设计最为核心的基础概念，正因为是基础概念所以在理解上常被环境设计者所忽视，导致在方案设计实践中时常陷入艰难和被动的状态。公共艺术设计师同样需要有关注空间环境的专业意识，对空间环境的认知力是作为公共艺术设计师所要具备的一个既基础又重要的能力。这需要从空间的基本形态、辨析度、感受力等方面快速形成认知，再用敏锐灵动的思维对空间环境进行更深入的探讨和解析，这样才有可能完成和环境相契合的优秀公共艺术方案和作品。

（一）空间的定义

空间有两种最普遍的存在形式，客观万物存在的前提是持有体积和占有空间，这是空间最简单、最原始的存在形态，即物体自身的空间。第二个空间形态是具有长、宽、高三个维度的空间体，这种三维空间为最基本的空间体，也就是外部环境空间。在我们周围到处充满着空间，人自身占有空间；所在的广场、公园就是一个大的空间体；人和人之间的距离产生空间。对空间的理解可以想象成我们自身和外部世界之间形成的隔断，并且建立的一种联系。空间是比较抽象的概念，不同学科对它的解释都不尽相同。

艾德加·鲁宾设计的《阴阳花瓶》体现的就是"图"与"底"的概念转化，对于此画有的人第一眼看到的是两个相对的人脸，有的人看到的是花瓶，为什么每个人在同一个画面前会看到不同的图案呢。就此画而言，设计者想要传达给人的是"底"，也就是空的部分——花瓶，花瓶呈现的前提是必须依靠"图"也就是人脸的映衬。设计者看似提供给我们两个人的对脸，但实际的意图是想交给我们背景的花瓶。

如果我们把"图"与"底"的概念转化投向景观环境，便会发现环境设计师的意图和思路与"图""底"转化的理论如出一辙。在现实的景观设计中，有关图底转化的设计手法有很多，例如由不规则半环形绿地的围合所呈现出的花瓣形状的步道，锦州闾山大门独具特色的四个门柱所呈现出的传统建筑镂空图案。

环境设计者在分析和观察一处景观环境时，眼前呈现出的环境到底应该是怎样的景象，这同样需要运用图底转化的眼光去分析。唐剑先生在《现代滨水景观设计》一书中对如何去理解领会空间的概念做出了形象的解释，他认为非专业人士眼中的空间呈现出的只是具象的环境景象。而专业人士眼中的空间为图例中的蓝色部分，也就是物体间被空气充盈的部分。不妨把空气想象成透明的冰块，这些冰块被环境中的景物分隔开，呈现出不规则的剪影。在设计师眼中此时虚体的空气变成了实体，而作为具象景物的实体则被虚化。环境中每一个物体的设立和围合都是有依据的，设置它们的目的是建立"空"的部分，也就是被空气充盈的"蓝色部分"。如果都是"空"的部分，也就变得空旷无物了，这样显然不可行，因此就需要通过景物的围合和设立来体现出"空"的部分的间隔，也就是"间"的部分。倘若环境中到处都是景物的围合和间隔，空间中"间"的部分过多，就会给人拥挤的感觉，这样也不足以成为空间。可见，只有"空"和"间"的关系相互平衡和协调，合理的空间才足以形成，将"空间"一词分解开来分析，更易于我们理解空间的最本质的定义。"空"和"间"的关系等同于《阴阳花瓶》中"底"与"图"的关系。《阴阳花瓶》这幅画充分诠释了空间的概念，通过黑色人脸的围合，从而形成白色区域花瓶形态的空间。

（二）空间的界定

如前所述，空间本身是没有形态的，它的形态必须通过实体的界定才会产生丰富的变化。了解和掌握空间的界定方法将有助于环境设计的展开和深入，使空间的基本形态形成丰富的变化。同时，界定空间的方法可以从两个维度，即垂直界面和水平界面上来操作。

1. 垂直界面的空间界定方法

垂直界面的空间界定方法有"围"和"设立"两种。"围"即围合，也就是围绕和组合；"设立"即设置和建立。垂直界面作为空间的第三维度——高度，在空间环境设计中的界定和表现是极为重要的。当下的景观设计很难用一种方法解决眼前的问题，因此，围和设立这两种方法在运用上并非独立，而是相互结合起来加以运用的。

2. 水平界面的空间界定方法

（1）覆盖。覆盖的手法多用于表现凉亭、遮阳棚、藤架这类具有覆盖遮挡功能的环境设施物，尺度一般不是很大，具有一定的亲和力和艺术性。造型的变化比较丰富，在覆盖的同时其自身形态投射到地面上的光影效果，能够为水平地面增强视觉感受。

（2）肌理变化。肌理变化的手法多体现在地面铺砌材质上的表现，也可以和植物、水系这些软质要素相结合。水平界面上的肌理变化不仅仅局限于铺砌材质的变化，图案和色彩的变化也能体现出视觉上的肌理效果。

（3）凹凸。凹凸方法一般运用在小幅度的上升和下沉广场、水系景观，这两种方法多在一起运用，形成互相的对比和依托，是丰富水平界面层次变化最为常用的表现手法。

（4）架起。架起多表现水平界面逐步向上递进的层次感，一般多用于表现台阶和阶梯，也可与绿化护土墙、景观墙相结合运用，其表现手法丰富多变，架起的空间界定手法是景观环境设计中必不可少的方法。

当我们能很好地对空间概念有所理解，对界定和表现空间的方法有所掌握，并把这些对空间的认知延伸到景观公共艺术设计中时，便会发现这将对我们设计和创作景观公共艺术是大有裨益的。城市中的雕塑、壁画、装置，以及所到之处都与空间有着密切的关联。若要建立起它们与城市空间的关系，无外乎运用空间界定和表现的方法来进行。美国雕塑家考尔德的作品巨大而抽象，整个造型结构就像搭建起的房屋梁架，人们本以为这种造型是艺术家信手得来的，其实考尔德是在通过不同体量和形态的造型来对空间进行经营。当人们穿梭在作品其中或是从外部观望时，作品由上至下、由内向外的强大空间会给人带来不同程度的体悟。

除了在掌握空间界定与表现方面的理论之外，还要对公共空间与城市的关系有所认知。城市是一个由社会组织结构、生活方式、人的行为等诸多要素组成的复杂系统。城市公共空间作为一个与城市相对应的子系统，在对它的形态把握和塑造上，绝不能仅局限于个体的公共空间，而应从城市整体运作的角度上看待城市公共空间系统的形成。这将有助于设计师最大限度地发挥公共艺术在空间环境里的表现力和价值感。

三、文化要素

当公共艺术事业作为城市建设战略而铺天盖地于城市环境时，我们会发现公共艺术的确给城市带来了从未有过的生机和魅力。但这其中大量程式化的、量产式的作品充斥着我们的眼球，它们肆无忌惮地占据着公共空间，介入人们的日常城市生活中，有的仅具一般的装饰性，有的则表现出无谓的娱乐性和庸俗化的情趣，有的用于商卖展示，有的甚至毫无艺术品质和精神内涵可言。这使人难免误认为所谓的公共艺术也包含那些通俗的、娱乐的、大众化的，甚至是无谓的城市环境设置品。公共艺术既然作为一种艺术文化现象，到底应该以怎样的姿态出现？它的文化性里应该涵盖什么才得以成为公共艺术？

（一）景观公共艺术与多元文化的关联

1. 公共艺术可以表现多元的大众艺术文化，但必须具有艺术品质和精神内涵。所谓大众文化是由普通大众的行为认知、意识审美所呈现的新文化现象，同时特指现代都市大众普遍的娱乐消费模式，并具有世俗化、娱乐化、商业化、时尚化的特征。大众文化是相对官方主流文化和精英文化而言的。形成于20世纪后半叶的大众文化随着我国改革开放、市场经济的发展而逐步崛起，成为和主流文化、精英文化三足鼎立的社会文化形态。由于大众文化具有世俗化、娱乐化、商业化等特征，这种文化形态在日常功利的、沉浸于自我的消费娱乐过程中，日益消解高雅文化和流行文化之间的分界，使其文化艺术形式和内涵趋于表面化和浅显化。虽然大众文化在某些方面对社会起到消极的影响，但它作为当代社会转型时期的文化过渡现象，已经成为当下社会多元文化结构中的重要组成部分，并呈现出包容、开放、平等的意味。再加之市民社会和民主意识的萌发促使公共艺术在设计创作上开始更多地关注大众文化层面的东西，更多地体现了形而下的、关注世俗人生的文化品性。

然而大众文化在大众消费娱乐方式过程中所形成的态度和特性，诸如商品性、世俗性、流行性、娱乐性、复制性等，这些大众文化里的负面效应在某种程度上与注重文化精神品质和内涵的公共艺术是相悖的。因此，设计公共艺术需要了解到大众文化的双重性，着眼于大众文化中包容、开放、平等这些积极向上的一面，以一种入世的关怀去和民众共享艺术文化的资源和空间，提升环境品质，激发民众的审美意识和情趣，将视点投向民众所处的合理位置上。

2. 公共艺术可以发挥艺术家的个人理念和精英精神，但作为公共艺术作品要尽可能与公众的审美水平达到一定程度的平衡。公共艺术要面向不同文化经验和态度的社会公众，应避免因作品形式和内容引发民众的不认同和争议。但这并不意味着公共艺术的设计创作就要甘于保守，舍弃设计师自身只为迎合大众的文化意识和审美倾向。相反，公共艺术尊重并提倡艺术家发挥个人的思想和理念，可以从不同文化、主题、形式出发，阐述某个现实问题，主张某种现实看法，以表达多元丰富、开放健全的城市美学艺术。设计师有权利把自己的想法和思路传输给观众，但又不能超出民众的审美范围，好的公共艺术作品就应既传达了自己的理念，又与社会公众、城市环境之间保持一种平衡。在当下大众文化背景下的流行和娱乐精神，使得城市开放空间呈现更多包容、开放的意味，民众在这种大环境里乐于去尝试和接受自己从未见过的、崭新的艺术。只要它是切实地站在民众的角度被设计创造出的，即使有点让观众陌生，也会很快被观众认可和接受。

3. 公共艺术可以依据不同文化和场所，在艺术的形式和观念上呈现出具体而生动的文化特殊性、时代性及其审美理想。公共艺术的形式内容不是一成不变的，在不同空间环境性质和社会文化情形下，它的形式观念指向是迥异的，所表现的文化精神内涵、审美理想也不尽相同。

当代公共艺术在其表现手法和展示方法上呈现出某些通俗性和游戏性特征，这并不一定意味着艺术格调与水准的低下和放弃，而往往是出于使艺术与普通民众或青少年产生亲和与对话的需要，出于使艺术作品赢得观者的亲身体验或接触，达到互动的心理效应的需要。其中有些则是出于新的形式语言的探索需要。实际上，当代一些具有创意的公共艺术把作品在特定的景观环境中的功能性和审美性、思想性及娱乐性予以完美的结合，同样赢得了观者的称赞和喜爱，成为艺术智慧的创造物与人性化服务的愿望的有机结合。我们不难在西方波普艺术运动前后的公共艺术以及现代设计艺术的作品中看到，艺术与人们日常的生活、娱乐、交往、消费及审美活动之间并不存在不可逾越的界限。

从上述三点来看，公共艺术的艺术元素表达需要在大众和自我、环境与文化情形之间做出相应的抉择。在分析对比、提炼整合这一系列过程中将公共艺术的美学价值呈现出来。

美国艺术家保罗·克利说"艺术是文化的花朵"，对这句话笔者有这样的理解，艺术之花需要文化土壤滋养的同时，文化也同样需要艺术之花来装扮点亮。两者相互依托，彼此反哺，相得益彰。而国内著名的公共艺术研究者翁剑青先生则认为公共艺术不是一种既定的艺术风格和样式，而是以市民社会为基础、以民主政治和多元文化为背景的一种社会文化方式和文化态度。基于上述两点看法，可以看出公共艺术和文化的关系是密不可分、形如一体的。

不同民族、不同国家、不同地域之间都存在着文化差异。由于历史、地理、语言、传统、宗教等因素，致使人类的风俗、信仰和意识形态存在分歧，从而形成各自独特的文化。

（二）景观公共艺术的文化差异

1. 文化的地域性差异

地域文化是受自然环境的地形、地质、气候等因素的影响，在长期社会发展中形成的具有区域特征的文化现象，它体现了一个地区的人们对自然认识和把握的方式、程度以及审视的角度。地理位置和自然环境等空间特征的不同，使得城市形成了与生俱来、与众不同的地域特色，不同区域的人类群体文化也都具有各自不同的特点，在人类长期的社会发展活动中，也因此产生了具有区域特征的文化现象。西方与东方的历史文化孕育出世界上的两大文明，也形成了迥异的景观形式。西方文化崇尚理性，遵循科学，讲求实证，产生了规整的景观设计。而东方文化注重感性，讲求精神理念，讲求形式上的禅悟及神会，因而有了自然式的景观设计。可见，每个国家、地域、城市都有其特殊的性格、形象和风貌，景观公共艺术设计应始终在地区性文脉关系中进行，许多地区具有明确的经济、社会、文化和环境功能，只有了解这些与当地生活相关的功能，才能设计出符合地域文化特征的作品。

2. 文化的历史性差异

文化历史是指各地域、各民族文化在发展过程中保留下来的为群体所共识的，代表本民族地域文化某一特定阶段主导地位的文化成果。在城市漫长的历史演变和发展过程中，城市和人类共同造就了反映城市特征的城市历史文化，每个历史时代都在城市中留下了自己的痕迹，由此人们按照各自不同的历史背景和人文传统建造城市景观，城市环境也就带有了时间和空间的跨度特性。同时在不同的历史时期，每一种历史传承文化都可能遭受现实文化的影响和渗透，形成新的文化集合形式，因而城市景观体现了历史的传承性，同时还具有时代的更新性。

3. 文化的民族性差异

民族是早期人类在长期的生存斗争中出于对集体力量凝集的需要，以血缘、亲缘、宗教、地域等各种复杂因素为基础，构成较为固定的、随血脉代代相传的人群集合体。民族的形成是一个漫长的历史过程，各族血缘的归属感、维护感、认知感等形成了各个民族特有的风俗习惯，体现在公共艺术设计中就是民俗风情、传统生活习俗、庆典祭礼等不同风格特征。

4. 文化的宗教性差异

宗教使人们相信并崇敬超自然的神灵，它是信仰者的思想寄托和精神支柱。不同的民族、地域群体有各自不同的宗教信仰，人们通常把宗教资源分为宗教物质景观和宗教礼仪两大部分。宗教物质景观主要是指各类宗教建筑，而在人们形成的礼仪观念中，宗教建筑就是"神之住所",人们会抛开空间艺术而执着于神的所在,进而将这种对神的情结转化到建筑上来。宗教景观的吸引力在一定程度上也是受历史文化的吸引所致,宗教主题的公共艺术能激发人们的宗教情感,满足人们精神上的需求。宗教在不同的历史时期和不同的国家或地区都有不同的形式和内容,各种宗教的场所建筑、经典内涵、教义、庆典仪式、服饰道具,甚至色彩、形式都有严格的规定,宗教景观公共艺术自然也就有着千姿百态的效果,使人产生耳目一新之感。这些隐形的文化特征,表现为一种整体和综合性的文化,从这样的角度来评价景观,可以从中洞悉其深层次的文化内涵。

(三)景观公共艺术的文化特性

1. 景观公共艺术的文化多元性

当今社会已进入文化多元主义时代,人与人之间接触日益增多,整个地球仿佛一个硕大无垠的"地球村"。在地球村里,有众多的民族、文化和文明,大家都意识到各自的以及对方文化的优劣及差异,取长补短,使得文化呈现出多元的特性。也正是因为有多种文化存在,才能使世界变得丰富多彩而不至于变成一个乏味、单调的世界。

文化的多元性在现实物质世界里有许多表现形式,公共艺术便是其中之一。景观公共艺术文化的多元性形成因素有很多,如族性的差异、对立意识形态的并存、宗教的多样化等。公共艺术本身的多元性还包括与设计相关的自然和社会因素、设计目的和方式方法的多样,以及设计实施技术方面的多样。城市景观的文化多元性主要表现为本土文化与外来文化并存,主流文化与个性文化并存,传统文化与现代文化并存等方面。同时社会因素也是造成公共艺术多元性的主要原因之一。为什么说人的参与是公共艺术设计的重要因素,其原因是人们对景观的开发空间、使用目的、文化内涵的需要的不同,会影响景观公共艺术设计中诸多元素的改变。另外,为考虑满足不同年龄、不同受教育程度和从事不同职业的人群对景观公共艺术的感受,设计中也必然会呈现多元化的特点。

2. 景观公共艺术的文化生态性

文化生态性是指自然环境和人类文化之间相互作用的关系和性质。人类的一切创造活动都是以自然界为基础,以自然界为对象。人类所有创造活动的文化都与自然界有着密切的联系。人类对环境的利用和影响是通过文化的作用而实现的,人与自然之间通过物质、能量、信息流通、转换,进行文化创造活动,人类的活动和自然界进而形成一个和谐的文化生态系统。

景观公共艺术的设计与创作要依赖众多的自然条件,如大地、水、气候等自然环境;自然景观在转化为文化景观的过程中,不仅有物质文明的渗透,也有人类精神文明的体现。自然资源表现了城市景观的生态现状,人文特色反映了作品设计的依据和深层次的文化内涵,景观公共艺术的发展方向既受制于自然规律,又受制于各种社会制度下人类对自然界利用、改造的程度和方式。自然资源和人文特色的有效融合体现了景观公共艺术的最终表现力。

3. 景观公共艺术的文化融合性

在当今世界，城市景观在技术传播和全球联系的建立基础上，各民族在继承本民族文化的同时，又借用和吸收其他民族的文化，按照时间序列在特定的区域不断地融合沉淀，形成多层文化叠置的、具有多种文化属性和特征的文化景观。人们看到城市景观中，既有鲜明的地方特色，又有外来文化烙印。如许多殖民地和半殖民地国家的城市景观，往往既带有当地文化特色，又带有帝国主义国家文化色彩。在当下文化融合的大时代，设计师与艺术家在对景观公共艺术的设计创作过程中，考虑地区文脉的同时，应兼取外来文化精华，将两者有机地结合，从而创造出具有文化融合特征，体现文化融合发展的公共艺术作品。

可以说，发展公共艺术的宗旨是使其形成一种文化特色、文化底蕴，而并非简单地展示某一件公共艺术作品。当代公共艺术可以在多层次、多内涵和多样化的文化资源里找到无限的设计创作灵感，在大众文化、民族文化、民俗文化、地域地方文化、自然生态文化等诸多文化元素中探究公共艺术的设计创作路径。

第三章 景观公共艺术设计与城市空间

第一节 景观公共艺术设计与城市空间的内在联系

在当下城市生活模式的急剧变化中，传统概念的城市公共空间早已无法满足和承担起方便公众交流的使命，而艺术的介入往往改变着城市公共空间的意味和性质，使之具有新的意义、氛围和公共参与的可能。所以说公共艺术首先是一个特定空间性质中艺术的概念。这个特定空间是指城市中的"物理性质空间"和"社会空间"，物理性质空间即由建筑和环境设施构建起来的空间环境，以满足人们的基本城市生活；社会空间即供民众介入其中，可平等自由、参与共享的，进而产生公众意见的"舆论空间"。换而言之，公共艺术既依附于城市的开放性空间，同时也是存在于"城市社会"中的市民大众的舆论空间。可以说公共艺术与城市的联系是天然的，现代文明首先是在城市母体中发展起来的。公共艺术的文化、制度及其技术背景均是与城市社会的形态、发展历程密切相关的。从这个意义上来讲，公共艺术与城市形态、城市空间属性的演化有着千丝万缕的联系。

景观公共艺术对作品公共性和艺术独立性上的诉求及两者关系的协调，使之在城市空间中担当着不同的重要角色和功能。对空间公共性和艺术公共性两者间的判断及定义，法国艺术学者卡特琳·格鲁在《艺术介入空间》一书中的观点倾向于倚重艺术、空间和人群之间相互作用下所形成的客观效果，以及在不同情形下所形成的动态的效应，而不是依凭艺术品作者的主观定义来判断其间公共性的有无或多少。卡特琳·格鲁十分强调艺术品在介入空间的过程中是否有助于人们的自然介入或即兴、自由地参与，而不是重在推崇一个固定的或事先就有了名目的公共空间。

一、景观公共艺术与城市环境的关系

城市空间作为人们生活的栖息地，已成为人类精神的外化。它是文明、文化又是人类生活自身。景观公共艺术就是用一种扩大的艺术观念去探讨城市空间与人类生活的互

动关系。换言之,公共艺术是城市空间和人类生活的具有开放性和创造活力的中介。它利用这种互动关系营造空间的多元属性,从而赋予民众不同的空间经历和多元的生活体验。

景观公共艺术与城市环境的关系体现在三个方面,即自然环境、文化环境和社会环境。

从自然环境来看,一个城市无论它的现代化程度多高,都必然依托于大地,城市的自然生态环境是人们赖以生存的基础。现代社会生活的高度人工化更唤起了人们对大自然的依恋情结,随着人类对大自然掠夺性的开发,噪声、拥挤、污染、疾病等城市问题越发严重。保护资源环境已成人们的共识,对生存状态的关注更表现在对城市环境的设计上。城市的地形地貌、物产物候、生态群落都综合地列入生态景观的系统之中,城市环境中的建筑、环境设施都要考虑自然生态与人类活动要求的有机结合,创造现代意义的"顺应自然""天人合一",创造适合本土居民需求的绿色生态环境,这不仅是对自身文化价值的肯定与认识,更是对民族文化的继承与发展。

文化环境的重要之处在于它包含着民族的、民俗的、传统的文化脉络和公共场所的特定文化性质。可以说文化环境对设计师的创作思路起到决定性的作用。人的视觉或经验常常选择性地对某个地区的人文社会这类动态的景观留下深刻的印象,一个地区的历史、文化、宗教、民俗等往往构成它的特质并产生活力。人类从早期的安全需求到后来的文化心理与精神需求促使了城市的形成。城市提供了大量的信息以及各种活动,满足了人们对文化、知识、宗教、资讯以及经验的追求与渴望。尽管空气污浊、交通拥挤、生活空间狭小,但仍不失对向往城市生活的人们的吸引力。因此从城市的角度来探讨公共艺术与地域文化的关系是很有价值并有现实意义的。

由于生成的背景及各自发展的历程不同,每个城市都有其特殊的性格。政治、经济、宗教、民俗、历史、地理都有可能成为人们记忆的符号和城市的特质。这种在城市历史发展过程中的各种社会因素的积淀所客观形成的文化,是人类在社会历史发展过程中创造的物质财富和精神财富的总和。它标志着这一城市物质文明与精神文明的发展程度。意大利罗马的城市雕塑、我国苏杭的造园艺术、澳大利亚贝壳造型的悉尼歌剧院都作为精神与文化的产物使得所在城市具有不可企及的艺术魅力。由此可见,都市的文化艺术景观是确立城市形象的焦点,一个城市的建筑与公共艺术在都市的文化景观中起着举足轻重的作用。由此,公共艺术的创作与文化环境的互动成为一个重要的课题。公共艺术的展现形态是千变万化的,它可以是一幅记录事件始末的壁画,可以是一座纪念丰碑式的雕塑,可以是一组兼具观赏与娱乐的喷泉,也可以是街道中各种装饰元素的设计。但它必须受制于特定的人文环境和空间特质,才能展现出它独特的艺术魅力和协助确立都市整体构架的功能。

从社会环境来看，当今中国城市有老城和新城两种形态。老城区在20世纪80—90年代以前就已成形。在日新月异的今天，纯粹的老城区日见鲜少，建筑危旧、交通拥塞、给排水公共系统缺损、人口过度密集等使得老城区改造迫在眉睫。由于老城区多为老街井坊，在繁市闹口，人群密集，蕴含无数商机，所以老城区的改造幅度都很大，往往在短时间内便失去了由漫长历史累积而成的风貌和味道，这种结果在无形中使市民和建筑规划等部门对历史街区的守护意识觉醒了。老城区最重要的变化在于老居民的迁出，街区的城市中心化和商业化，在此情况下老城区历史的公共记忆显得尤为重要，这种公共记忆往往并不在于添加了什么，而在于保存了什么，因为在它们身上存留着令人熟悉的历史表情，牵挂着人与土地和不可见历史的氤氲化醇、相熟相亲的家园感觉。它们身上寄予着都市人集体的、公共的乡愁。

另一种城市形态的新城区指的是20世纪90年代以来重建和新建的区域。这种区域的居民从四方而来，城区建造结构依某种标准而趋向同化，在这些区域的公共空间中塑造区域新聚人群的公共记忆，显出某种新街区的形象特征，是公共空间艺术品创造的基本出发点。当下许多城市建设之复杂正在于新区与老区相契，互相交错在一起此起彼伏，不同历史断代的建筑成了城市可见的断代轮廓线和外观皮层。在这样的街区建造公共艺术尤应重视具体的环境因素和整体层次的打造，城市建设中历时性的纵向关系与共时性的横向关系相辅相成，形成了一定地域的文化底蕴、地方习俗和人文特色。公共艺术的设计既不能脱离前人和原有的人文环境去凭空架构，又不可简单地重复过去，只有在尊重历史的同时创造历史，在更新文脉的过程中发展文脉，才能使人们在现代与历史完美交融的文化环境中共同体验形态空间之美。

二、景观公共艺术的环境空间设计

城市空间包括建筑空间与公共环境空间。其中的建筑空间指内部生存空间和外部形态空间。公共环境空间最初作为城市建筑外环境的一种延伸，时至今日，公共环境空间已经成为城市的根本所在，如果说建筑空间是生活的容器，那么公共环境空间则是城市的舞台，是不同的生活方式与文化传统交流沟通、彼此共存的场所。显而易见，建筑的外环境打开了建筑自身的封闭性，而城市公共环境空间的主要意义就是促进人们的交往。

一个良好的城市空间必须与人性相契合，它必然是私密性与公共性的统一。公共性要求公共空间的支撑，而私密性要求私密空间的保证。良好的景观空间需要做到公共空间到半公共空间，再到半私密空间，最后到私密空间的合理过渡。然而无论是公共空间还是私密空间，都是在开放和共享的语境下展开的，公共并不意味着绝对的限制和约束，私密也并不代表绝对的私有。景观公共艺术需要做的是根据不同空间的形态和性质进行与之相应的作品设计和制作。

（一）环境空间构造和形态上的联系

无论何种形式的公共艺术都是在公共环境里被设置或实施的，公共艺术作为整体环境的一部分，在设计时必须考虑大环境的构成因素和风格，考虑作品与周边环境的一系列关系，包括尺度比例关系、位置关系、样式关系、功能关系、色彩关系、材质关系等。最终的设计方案应表现出更加广泛的环境适应性和包容性。

例如那些用于街区改造或临时展示的景观公共艺术，由于是在原有环境现状基础上设置、添加的，因此应在严谨考虑原有空间形态的前提下进行设计方案。在原有区域基地上，诸如建筑物、植物、土坡、山石、水系、设施物、地面铺砌物等都已形成各自不同的空间形态，公共艺术的设计需要抓住作品与这些形态之间共同或迥异的特性，并加以联系、搭配。从开放到半开放区域，大范围到小范围，中心到边缘，高处到低处，硬质到软质，静态到动态，冷色到暖色，平稳到跳跃，这些造景手法都会有效地凸显出公共艺术作品与环境的关联，使公共艺术作品与原有环境要素相互承载承接，产生彼此间内在的联系和外在的依托。

（二）场域联系

场域联系是公共艺术和公共空间另一个内在关联的体现。场域属于社会学概念，具有一定的环境属性。如前所述，场域并非一个实体场所的存在，而更多是指在个人、群体之间想象上的领域，也就是人与环境相互作用下所产生的精神意义场所。环境的场域性由人的行为活动来承载，需要依靠人在环境中的体验来获得，这种精神意义的空间所形成的场域效应对人有着深刻的影响，能更好地达成人与环境的互动。

正如法国著名雕塑家奥古斯特·罗丹于1884年受法国加莱市政府的委托所创作的《加莱义民》。该作品放弃了传统纪念性雕塑所强调的荣耀、不朽的象征意义，最终使人物群像从神圣的基座上回归到地面，以水平方向的构图来呈现，使作品的"舞台"落到与平民日常活动的空间和尺度之中，以求作品中的六位义士与观众之间的平等与融洽，使市民大众能够与他们近距离接触，强烈地感悟自身与这些义士息息相通的传统精神。为了加强这种效果，罗丹试图将六个人像逐一安置在加莱市政府前面的广场上，然而该计划并未被政府采纳，这组群像最终还是被扶上了高高的基座，像传统雕塑那样被展示出来。虽然若干年后，罗丹的作品设置构想得以实现，群像又被从基座上请下来，在人物位置设置上也拉开了距离，但在当初，作品和空间环境的关联意识却远远没有得到多数人的重视和肯定。

场域性在公共艺术设计中非常难以把握。形象一些来理解，所谓场域就是作品与环境在形成对话的关系下所产生的一种场所环境氛围。在场域氛围里的作品是具有力量的，这种力量不仅来自作品自身，同时还源自环境。换言之，场域的力量一方面来自作品与环境的关联性，另一方面来自环境在不断积淀过程中所形成的特性。作品必须与环境有所联系，当两者在某一点或几点上产生共鸣时，强大的场域性就会以作品为载体呈现出来。如果把一处充满场域力量的作品移至他所，它在原有地的力量便可能消失不见，因为它所在的环境发生了变化。让作品和环境达成对话，就要了解环境的前世今生，并用作品把它记录下来，作品和环境"无言"，就谈不上场域的形成，作品的价值和意义也就不在了。如前所述，阿拉米达市的海湾轮渡码头广场的规划设计，就充分地利用当地的废弃工业材料，对空间进行重构，以获得强大的场域效应。又如布鲁塞尔的撒尿小童、哥本哈根的美人鱼，它们都是特定环境的产物，试想如果这些雕塑没有所在环境背后的那些故事，它们的意义也就变得不那么重要了。

对公共艺术作品环境场域和心理场域的把握的好坏是设计成功与否的关键，这就需要公共艺术的形式和内容必须与所在的环境相协调，在反映设计理念和风格特征的同时，还要与环境精神相契合。

第二节 城市景观环境设计分类

街道、广场、公园、社区是传统城市环境的组成部分，它们构建在对传统城市的历史记忆上，传递着传统城市的信息，构成了一个完整的城市环境系统。然而城市在经历从过去到当下的漫长变迁，高速公路、快速干道、金融商务中心、写字楼、购物中心、高级酒店、停车场、机场等新的城市环境场所和区域逐步融入原有城市环境的构建之上，更多更新的环境物质元素也随之出现，这在无形中为景观公共艺术开创了更广泛和多样的发展空间。即便如此，街道、广场、公园、社区作为传统城市环境的组成部分，依然是人们日常使用率最高的公共交往空间，具有塑造地缘文脉、体现人文生活、彰显场域精神的价值。因此，作为景观公共艺术设计师，应该对这些城市的核心空间舞台有所体悟。

一、道路

作为城市交通系统的重要组成部分，道路是城市空间的重要构成要素和基本框架。

从道路的功能角度来看，道路承接起点和终点，是城市交通得以运作的重要载体；从景观角度来看，道路是体验城市景观的基本路径，也是城市景观体系的重要组成部分，具有景观廊道的特征。从社会角度来看，道路是各种社会活动展开的舞台，是城市精神的重要体现。

（一）景观视野中的城市道路

1.道路是重要的城市景观廊道

城市景观系统由景观节点、景观轴线、景观区三个部分组成，作为城市景观体系的重要组成部分，道路属于城市景观中的"线"要素，是城市空间的组织框架与基本线索，承担着景观轴线的重要作用。在巴洛克式城市设计中，城市道路作为景观廊道的概念体现得尤为明确，道路串联起城市中重要的建筑物或广场，成为具有强烈指向性的城市景观轴线。由于城市道路的景观廊道特征，道路的尺度、线形、空间特征、道路两侧环境要素的布置、展开方式等均成为构成城市特征的重要方面，也是展开道路景观设计必须予以考虑的组成部分。

2.道路是体验城市景观的基本路径

城市如同一本书，汇集了丰富多彩的历史、人文与自然要素。城市景观同样需要慢慢阅读，而道路则是城市景观阅读的展开路径，是城市景观展开所依托的基本框架，道路两侧的建筑样式、布局特征、行为活动等，均从一个侧面展现了城市的历史和文化，成为构筑城市特色的重要组成部分。鉴于道路的这种特征，对于城市道路景观设计而言，景观序列的安排显得非常重要。例如妥善处理景观序列的起承转合等景观节奏，景观设计与人的行为心理特征相配合等，使得人们能够在一种轻松、舒适、富有节奏的氛围中完成对城市的体验过程。上海南京路、北京长安街、天津五大道、深圳深南大道等城市道路，由于具有丰富的历史人文景观积淀，因而成为各自城市的典型标志，也是阅读这些城市的重要路径。

3.道路是组织城市景观要素的基本框架

中国传统城市中，往往以南北、东西大街作为整个城市的基本组织线索，然后结合次一级的城市道路来组织街区、街坊布局，接下来再由巷弄、胡同等小型道路来组织家庭居住单位，这三个层次的道路系统形成了城市的基本框架。在城市景观体系中，作为线形要素的城市道路，承担着组织其他景观要素的重要责任。

（二）道路与街道的概念辨析

一般来讲，道路是一个相对宽泛的概念。广义上的道路包括了两种类型：一是主要以步行为主要交通方式的街道，二是以机动车交通为主要特征的道路。道路和街道在意义上有着明显的差别，道路包括高速公路、城市快速路、公交专用道、轻轨专用道、自行车道等多种类型；街道包括大街、胡同、巷弄、林荫道、步行街等。

（三）道路的物质和社会属性

1. 道路的物质属性

道路的物质属性包含两方面的意义，即景观性和空间性。景观性是指道路作为构成城市交通系统的载体，具有自身独特的形态，并且道路是与周边的地景、建筑、人、路灯、环境等要素密不可分的。道路的空间性体现在其容纳了各种各样的人流、物流、信息流及水、电、暖等各项基础设施。

2. 道路的社会属性

道路的社会属性体现在道路的建造目的，以及社会和经济职能间的相互转变上。道路的社会属性还表现为它是重要的公共空间，是人们日常活动、社会交往展开的重要场所，包括娱乐、对话、表演、集会和举行各种仪式。

（四）典型道路景观格局

道路是城市居民在漫长的历史中建造起来的，其建造方式同自然条件和人类活动有关，因此世界上现有的道路与当地人们对时间、空间的理解方式有着密切的关系。历史上，城市道路景观呈现出各种形态。归纳起来，主要有格网形、放射形、环形和不规则形等，不同的道路景观格局源于不同的文化传统和习俗，不同的道路形式也给人以不同的视觉感受，并渲染出城市的文化性格。

1. 格网形景观格局

格网型景观格局也被称为格栅型景观格局，其基本特征在于道路呈现出明显的横平竖直的正交特征，这种景观特征具有很大的优势，例如便于安排建筑与其他城市设施、利于辨认方位、城市富有可生长性等。我国传统城市大多以格网形道路格局为主要景观特征，由于大多数传统城市是由"里坊制"演化而来的，因而城市道路形态往往是规划粗放的大街轮廓网格和自由生长的小街巷的双重叠加，并且由于早期严格的等级制度，对道路的宽度、布局、使用以及两侧景观都有明确的规定。

2. 放射性景观格局

文艺复兴时期，对理想城市的探讨成为一种时尚。与理想城市形态相配合，道路系统为环形与放射性两者叠加，道路形式呈现出强烈的向心特征，勾勒出明显的中心性和秩序感。

3. 环形景观格局

环形景观格局也称圆形景观格局，其重要特征在于，道路系统呈现明显的环状，围绕某一中心区域逐步展开，从而形成具有明显向心性的圈层景观形态，与放射性道路景观格局类似，圆形道路景观格局也有明显的核心，因而此类道路景观常常被应用于需要明确突出城市核心的场合。在早期关于理想城市的设想中，很多提案的道路就呈现出明显的圆形景观形态格局。

4. 不规则形景观格局

在自上而下的城市生长模式的发展下，城市道路较多地显现出不规则的形态特征，并很好地结合了城市的地形特征，呈现出一种随机、自然的特点。不规则道路形态大多因地制宜，通常是不规则的街道穿过紧密排列的建筑之中。

5. 复合形景观格局

美国首都华盛顿的道路形态采用方格网与斜向对角线状道路相叠加的方式，斜向道路连接城市最为关键的场所：国会大厦、白宫和立法院，形成具有鲜明对比的景观大道。这种道路形态很好地诠释了当时美国开国者的精神价值和政治诉求。

（五）道路的景观学分类

1. 基于景观属性的分类

根据景观属性的不同，可以分为四种道路，即交通性道路、商业性道路、生活性道路和游览性道路。

（1）交通性道路。交通性道路主要指以对外或者以城市主要功能区之间的交通为主要特征的道路。交通流量大是其主要特征，其主要功能是保证各种交通通畅、安全地运行，并在此基础上提高通行者的舒适度。以车行尺度、速度为参照进行空间组织，有助于展示沿途区域的景观形象，充分利用自然水体或人工标志提供方向指认。绿化种植应强调其个性，形成各具特色的景观标志。现代城市中广泛出现的快速路、高架路、轨道交通路、城市环线等均是交通性道路的典型实例。

（2）商业性道路。商业性道路是商业设施大量集中，以商业为主且以交通功能为辅的街道。由于聚集了比较多的人流，因此应设置足够宽的步行道，步行空间的设计要具有引导性，同时要注意步行休憩空间环境的设计。

（3）生活性道路。生活性道路的主要设计目标是满足城市公众的日常生活和工作需要。道路两侧分布有较多的花木植被、环境景观和日常公共服务设施。例如社区道路、办公区道路。此类道路的设计应注重人性化的街道小品和休憩空间的强调。

（4）游览性道路。游览性道路主要是供城市本地和外地人游览的道路，游览性道路通常拥有良好的天然或人工景观，因而具有很强的观赏游憩功能，有时会辅以休闲娱乐的功能，设计中需注重绿化配置的景观效果和街道设施的标志性。游览性街道通常是设在历史性城市中的古老街道、风景区中的游览路线、滨水绿地区域中的散步通道等。

2. 基于景观具体特征的分类

根据景观具体特征不同，城市道路可以分为景观大道、步行街、自行车道等多种类型。

（1）景观大道。景观大道较早出现于西方，如巴洛克式城市设计。法国巴黎的城市改造中就曾开辟出若干条景观大道，用以连接城市中重要的场所和公共建筑。而在之后的美国"城市美化运动"中，景观大道也成为改善城市环境、展示城市形象的一种重要途径。在后期许多城市效仿"城市美化运动"的做法，纷纷把城市中某些主干道路定位为景观大道，并施以精致全面的景观美化，借此强化城市空间的景观品质和氛围。比如浦东新区的世纪大道、北京的长安街、深圳的深南大道等，均是具有较大影响力的景观大道实例。

（2）步行街。步行街是专为步行者设计准备的道路，它基于日益增加的机动车带来的种种弊端而产生在汽车出现后，由于之前流通模式相对简单的道路变得复杂起来，机动车与步行之间的矛盾随之而来，步行街成为解决这种矛盾的一种有效途径。

步行街有多种类型，例如全封闭步行街、半封闭步行街、人车共存步行街等。由于步行街的特殊设计，可有效支持步行活动，有助于创造舒适的商业、休闲环境，因而对改善城市环境，提升道路景观品质起着积极的作用。步行街与城市的历史街道重合时，更能够借此体现道路景观的文化特征。这对城市历史景观的保护也具有重要意义。步行街的设置需要一定的前提条件，其主要条件之一是步行街的外围应当具备一定容量的机动车道路，来疏散因步行街开通而转移出去的车流。因而有可能会给周边地段带来机动车量增长的压力。

（3）自行车道。专用自行车道是较晚出现的一种道路类型，具有很强的人文主义特征，也是现代景观设计经常使用的一项元素。由于自行车运动本身的生态环保特征，自行车道也是城市绿色交通体系的重要组成部分。自行车道可独立设置，也可结合机动车道设置，为了明确区分自行车空间，往往对道路的基面材质进行特别处理，以增强标识性。

3. 基于景观尺度的分类

根据道路景观尺度的不同，城市道路可以分为快速路、主干道、次干路、支路四个等级。对于中国城市而言，由于多数城市是在"里坊制"的基础上逐步发展出来的，因而城市道路结构呈现出较为明确的二级结构，即规划粗放的城市大街、自由生长的小巷的双重叠加，主要干道布局稀疏、相距较远，街巷胡同弯曲狭窄，不便通行。

（六）城市道路景观的前景和基本趋势

随着景观设计学科的发展和社会生活发展带来的公众对高品质城市环境质量的迫切

要求，道路景观设计越来越得到学术界和城市建设实践的重视。关于景观设计方面的理论、范畴、方法等，各方面也出现了较多新动向。

1. 道路景观的地位日益得到重视

作为城市交通和城市生活展开的重要载体，作为一种重要的城市公共领域，以及体验城市环境景观的重要路径，道路景观得到了更大的重视，城市道路景观设计成为多数城市进行城市建设的重要内容。许多城市在道路规划的初期就有景观设计师与城市规划师、道路工程师协同工作的尝试。

2. 道路景观设计的实践领域逐步拓展

城市道路的景观设计范畴逐步宽广，以往城市道路景观设计主要集中在城市主干道及步行商业街的建设上。近年来城市的一般街道、城市历史型街道、快速路、轻轨道路等类型的景观设计成为新的研究内容，高速公路两侧的景观也日益得到重视。除了道路景观设计类型的拓展外，城市景观设计的理论范畴也得到了扩大。

3. 道路景观设计日益成为凸显地方文化的重要途径

随着经济全球化的到来，人们对现代主义思想指导下的城市建设开始反思，城市特色成为城市建设的重要目标之一。在城市发展过程中，地方文化的维持和进一步强化成为各个城市在发展中不可忽视的城市体验廊道，道路景观设计承担了凸显城市特色的重要职责。当一个人面对一个城市时，首先想到的便是街道。如果一个城市的街道充满情趣和特色，那么这个城市留给人的印象和感受亦会如此。如果街道看上去单调乏味，自然会影响到城市的形象与内涵。通过对街道景观的合理控制与引导，反映地方文化特征、体现地方风土精神的道路景观已然成为实现城市特色发展的重要途径。如云南香格里拉县街道景观整治、西藏昌都路商业步行街、湖南常德市常德大道景观设计等都是对这方面富有意义的探索。

二、公园

城市公园是城市中最重要和最具代表性的绿地，是城市中的"绿洲"和环境优美的游憩空间。它是随着近代城市的发展及市民社会生活的需求而产生、发展和逐步成熟起来的。城市公园不仅为城市居民提供了文化休息以及其他活动的场所，也为人们了解社会、认识自然、享受现代科学技术带来了种种方便。此外，无论国内或国外，在作为城市基础设施之一的园林建设中，公园都占有重要的地位。城市公园的数量与质量既可以体现某个国家或地区的园林建设水平和艺术水平，同时也是展示当地社会生活和精神风貌的橱窗。

（一）城市公园的定义

1.《公园设计规范》解释公园是供公众游览、观赏、休憩、开展科学文化及锻炼身体等活动，有较完善的设施和良好的绿化环境的公共绿地。

2.《中国大百科全书（建筑、园林、城市规划）》对公园的定义为城市公共绿地的一种类型，由政府或公共团体建设经营，供公众游憩、观赏、娱乐等的园林。

3.《园林基本术语标准》定义公园是供公众游览、观赏、休憩、开展户外科普、文体及健身等活动，向全社会开放，有较完善的设施及良好生态环境的城市绿地。

（二）西方公园的历史发展

西方城市公园景观设计的发展大体经过传统园林景观、现代园林景观、后工业景观设计与现代园林景观并存等几个阶段。

1. 传统园林景观的特征

西方传统园林景观主要是三大园林传统：一是意大利台地式花园；二是法国的规则式园林；三是英国的自然式园林。

意大利台地式花园。意大利台地花园具有鲜明的个性。对于古罗马人来说，对宏大气魄的崇尚决定了主体建筑要有一定的体量，园地只能是其延续。为与之配合，多采用几何形状，这也决定了种植上将以整形和半整形树木为主。整形式的绿丛种植在最下层，获得了较好的视角。庄园外围则以半整形（在整形的地块上自然地种植树丛而取得的半自然的效果）的方畦树丛成为整形庄园和周围天然环境的过渡。同时，当人位于最高层时视线升高，海天一色的巨大尺度使自然气势压倒了人工气势，削弱了双方冲突中的势均力敌之感。人工环境只是自然环境的一小部分，从而使整形的园林和自然的风景得到了统一。

法国的规则式园林。法国是平原地区，无法照搬意大利的庭院风格，法国园林风格融合意大利造园思想手法并在法国现状条件的基础上产生。法国大部分位于平原，河流、湖泊较多，地形高差小，气温、阳光与意大利有较大差距。这就使瀑布叠水较少运用，绿丛植坛也只在高大宫殿的旁边布置，占全园很小比重，多以花应用于其中，不怕色彩绚烂而唯恐难以得到鲜艳夺目的效果。主体建筑占据统治地位，其前是宽广的林荫大道和广场，满足了人们的心理需要并可供数万人活动。但在格局中多利用丛林安排出巧妙的透景线，避免了平地上常见的一览无余之弊。17世纪法国的维孔特庄园和巴黎凡尔赛宫苑是这种风格的集大成者。

英国的自然式花园。16~17世纪的意大利与法国的造园风格对英国造园影响甚弱，只有一些庄园受到影响，但是，这些庄园环境并没有完全模仿，而只是局部采纳。例如，汉普敦宫中的荷兰花园、法国规则园林中的"鹅掌型"道路分叉。传统英国庭园风格是英国特定气候环境条件下的产物，也是追求精神自由和自然与非对称趣味的结果。在这种审美趣味的引导下，一种以自然的浪漫主义理想为基础的自然风景园风格得以形成。

2. 现代园林景观的特征

现代景观设计的特征为：第一，对由工业社会、场所和内容所创造的整体环境的理性探求。第二，现代景观设计追求的是空间，而不是图案和式样，现代景观设计第一次将对空间的追求摆到首要的位置上。第三，现代景观是为了人的使用，这是它的功能主义目标。虽然为各种各样的目的而设计，但景观设计最终是关系到人类的使用而创造的室外场所。第四，构图原则多样化。中轴对称是西方古典美学的基本构图原则。这种规则式基本上以中轴对称为主。自英国风景园产生以来，西方的园林就在规则式和自然式的两极间摆动。现代景观开拓了新的构图原则，将现代艺术抽象的几何构图和流畅的有机曲线运用至景观设计中，发展了传统的规则式和自然式的内涵。可见现代景观设计是多方面和全方位的。第五，建筑和景观的融合。密斯·凡德罗和赖特的建筑提出了建筑和环境的关系。现代景观设计师在设计中也不再局限于景观本身，而将室外空间作为建筑空间的延伸。建筑师和景观设计师双方的努力促使了室内外空间的流动和融合。

3. 后工业景观设计的特征

20世纪70年代，人们对自身的生存环境和人类文化价值的危机感日益加重，在经历了现代主义初期对环境和历史的忽略之后，传统价值观重新回到社会，环境保护和历史保护成为普遍的意识。英国著名园林设计师伊恩·麦克哈格的生态主义思想是整个西方社会环境保护运动在景观规划设计中的折射。从那时起，西方出现了一些后工业景观的设计，如哥伦比亚麦德林市的探险公园、墨西哥圣路易斯波托西市的双世纪公园。随着中国城市化的扩张，一些工业遗址也逐渐被纳入城市规划的范围，如上海辰山植物园矿坑花园、江苏花桥吴淞江湿地公园，这些方案的提出和最终被公众所接受，说明当下人们对环境的关注和对社会发展的历史脚印的珍惜。

（三）中国城市公园的发展

1906年，在无锡由地方乡筹资兴建了"锡金公花园"，可以说是我国最早自己兴建公园的雏形，仿照外国公园，内有土山、树林、草地和小亭。1911年扩建后，定名为"城中公园"，当时有日本造园家规划监造，种植大量从日本运来的樱花，假山上置有小宝塔等，留下了日本造园的痕迹。

辛亥革命后，孙中山下令将广州越秀山辟为公园，当时的一批民主主义者也极力宣传"田园城市"思想，倡导筹建公园，于是在一些城市里，相继出现了一批公园，如广州越秀公园、汉口的市府公园（现中山公园）、北平的中央公园（现中山公园）、南京的玄武湖公园、杭州的中山公园、汕头的中山公园等。这些公园大都是在原风景名胜的基础上整理改建的，有的本来就是古典园林，也有的是参照欧洲公园的风格扩建、新辟的。

由此可见，"公园"是在资本主义社会条件下的产物。我国的公园主要是辛亥革命民主思想，如"天下为公""平等""博爱"等在城市建设中的反映。新中国成立后，我国城市公园发展缓慢，规划设计基本上停留于模仿阶段。

1977—1984年，全国城市公园数量有所增加，质量有所提高，在造园艺术上开始探索民族化与现代化相结合的道路。1978年改革开放以后，随着经济的发展，造园运动再度兴起，城市公园空间被真正重视。一些新的公园形式开始出现，公园的规划设计开始多元化，造园手法不拘一格、丰富多彩，公园类型也逐渐增多，有满足人们多种需要的综合公园；有性质比较单一的专类公园，如儿童公园、纪念性公园（陵园）、名胜古迹公园、动物园、植物园、文化公园、森林公园、青年公园、科学公园、体育公园等；还有其他地方，如居住区公园、滨水（海、江、河、湖）绿带、街道游园等。在公园内容和设施方面也不断充实和提高。许多公园设有规模较大的展览室、纪念馆，有的还有溜冰场、游泳池、垂钓区、划船设施和电动游具、小火车等，以满足不同年龄、不同爱好的游人需要。在规划设计方面，开始了继承优良传统，创造中国公园风格，并比较广泛地应用新材料、新结构和新的施工方法。

1990—1995年，是我国公园建设大发展的时期，尤其是旅游业的发展直接促进了城市公园的建设发展，使城市公园的数量激增，其范围也扩大到了小城镇。与此同时，人口激增、交通混乱、环境恶化、公园空间匮乏、景观不佳等问题更加突出。以此为背景，国内规划界、建筑界、园林界开始共同对我国城市综合公园的设计和发展积极地进行探索。在理论上表现为对中国传统园林与西方园林思想进行比较研究，探索中国特色的城市公园的设计方法，注重城市公园中环境与行为科学的研究等。

中国城市公园景观的特征主要表现在两个方面：其一，顺应自然，因地制宜。园林的风景创造均按自然山水的形成规律进行，诸如山石、水、植物，均着重表现它们的自然情趣，不对它们进行过多的干预和约束。同时又充分利用不同的基地条件，有山靠山，有水依水，将自然景色的美为我所用。其二，在强调自然性的同时，中国园林又与传统艺术花圃中的其他艺术门类，如诗文、绘画、雕刻等保持着紧密的横向联系，注重园林景物中诗情画意的熔铸，注重园林意境美的创造。

（四）城市公园的分类及组成要素

公园绿地是城市中向公众开放的、以休憩为主要功能，有一定的游憩设施和服务设施,同时兼有健全生态、美化城市、防灾减灾等综合作用的绿化用地。它是城市建设用地、城市绿化系统和城市市政公用设施的重要组成部分,是表示城市整体环境水平和居民生活质量的重要指标。各国对城市公园还没有形成统一的分类系统,许多国家根据本国国情确定了自己的分类系统。

1. 国外的公园绿地分类系统

美国城市公园分类系统:儿童公园、近邻娱乐公园、运动公园(包括运动场、田径场、高尔夫球场、海滨、游泳场、营地等)、教育公园、广场公园、街区小公园、风景眺望公园、水滨公园、综合公园、林荫大道与公园道路、保留地。

德国城市公园分类系统:郊外森林公园、国民公园、运动场及游戏场、备种广场、花园路、郊外绿地、蔬菜园、运动公园。

日本城市公园分类系统:儿童公园、邻里公园、地区公园、综合公园、运动公园、风景公园、动、植物园、历史公园、区域公园、游憩观光公园、中央公园。

2. 我国的公园绿地分类系统

(1)城市绿地分类。城市绿地(简称"绿地")是指以自然植被和人工植被为主要存在形态的城市用地。它包含两个层次的内容:一是城市建设用地范围内用于绿化的土地;二是城市建设用地之外,对城市生态、景观和居民休闲生活具有积极作用、绿化环境较好的区域。这个概念建立在充分认识绿地生态功能、使用功能和美化功能,城市发展与环境建设互动关系的基础上,是对绿地的一种广义的理解,有利于建立科学的城市绿地系统(简称"绿地系统")。

(2)公园绿地分类。公园绿地是城市中向公众开放的、以休憩为主要功能,有一定的游憩设施和服务设施,同时兼有健全生态、美化景观、防灾减灾等综合作用的绿化用地。它是城市建设用地、城市绿地系统和城市市政公用设施的重要组成部分,是反映城市整体环境水平和居民生活质量的一项重要指标。公园绿地并非公园和绿地的相加,也不是公园和其他类别绿地的并列,而是对具有公园作用的所有绿地的统称,即公园性质的绿地。

①综合公园。指在市、区范围内的,供城市居民进行良好的游览休息、文化娱乐的具有综合性功能的较大型绿地。一般综合性公园的内容、设施较为完善,规模较大,质量较好。园内有较明确的功能分区,如文化娱乐区、体育活动区、安静休息区、儿童游戏区、动植物观览区、园务管理区等。综合性公园也可以突出某一方面,以满足使用功能及不同特色的要求。

②社区公园。指为一定居住用地范围的居民服务,具有一定活动内容和设施的集中绿地。包括为居住区配套建设的居住区公园和为居住小区配套建设的小区游园,不包括

居住组团绿地。

③专类公园。具有特定内容和形式，有一定游憩设施的绿地。

④儿童公园。具有特定内容和形式、服务对象主要是少年儿童及携带儿童的成年人。园中所设的娱乐设施、运动器械及建筑物等必须考虑安全因素，要求具备合适的尺度、明亮的色彩、活泼的造型，栽植无毒无刺的植物。其位置应接近居民区，并避免穿越交通频繁的干道。

⑤动物园。是集中饲养和展览种类较多的野生动物及品种优良的家禽、家畜的城市公园的一种。主要供休息游览、文化教育、科学普及、科学研究。大城市一般独立设置，中小城市通常附设在综合公园中。

⑥植物园。是广泛收集和栽培各类植物，并按生态要求种植的一种特殊的城市绿地。植物园的主要任务是收集多种植物材料，并可进行引种驯化、定向培育、品种分类、环境保护等方面的研究工作；另一个任务是向群众及学生普及植物科学知识，作为城市绿地的示范基地，促进园林事业的发展。如北京植物园、广州华南植物园、西双版纳热带植物园、杭州植物园、沈阳植物园等。植物园按其性质可分为综合性植物园和专业性植物园。

⑦历史名园。历史悠久、知名度高、体现传统造园艺术并被审定为文物保护单位的园林；或是一种以革命活动故址、烈士陵园、历史名人旧址及墓地等为中心的景园绿地，供人们瞻仰及游览休息的景园，如南京雨花台及中山陵、广州黄花岗、成都杜甫草堂等；或是一种有悠久历史文化，有较高艺术水平，有一定保存价值，在国内外有影响的古典庭院名胜，主要供休息游览。

⑧风景名胜公园。位于城市建设用地范围内，是以文物古迹、风景名胜点（区）为主形成的具有城市公园功能的绿地，如北京颐和园、沈阳北陵公园等。

⑨游乐公园。具有大型游乐设施，单独设置，生态环境较好的绿地。为提高游乐场所的环境质置和整体水平，并将游乐场所从偏重于经济效益向注重环境、经济和社会综合效益的方向引导，特别规定绿化占地比例大于等于65%的游乐公园才可划入公园绿地。

⑩其他专类公园。除以上各种专类公园外具有特定主题内容的绿地，包括雕塑园、体育公园、盆景园和纪念性公园等，其绿化占地比例也应大于或等于65%。

⑪带状公园。带状公园结合城市道路、城墙、水滨等建设，是绿地系统颇具特色的构成要素，承担着城市生态廊道的职能。带状公园在宽度上受用地条件的限制，一般呈狭长形，以绿化为主，辅以简单的设施。带状公园在宽度上虽无规定，但在带状公园的最窄处必须满足游人的通行、绿化种植带的延续以及小型休息设施布置的要求。

三、广场

（一）城市广场的定义

从语言学角度来理解认识城市广场的概念。拉丁语"Platea"原本指房屋与房屋之间"宽阔的空间"，是一种关于道路与内庭院的表达用语；古希腊的"Agora"是"集中"的意思，表示人群的集中或人群集中的地方，后来常被用来表示广场；现代用语中表达广场的用词"Square"，首先是"方形""方正"的意思，暗示着广场"方正"的空间形态。从各种语言表达中，我们可以观察到有关广场的概念共性，即具有一定的空间开阔性。

从使用功能上来理解城市广场的概念会更直接。城市广场起源于原始社会人们的庆典、祭祀、氏族会议等活动。由此可见，广场出现之初就是人群集中的地方，具有明显的公关活动场所的特征。广场是根据城市功能上的要求而设置的，是供人们活动的空间。城市广场通常是城市居民社会活动的中心，广场上可组织集会、提供交通集散、组织居民游览休息、组织商业贸易的交流等。

综合以上定义，城市广场是为满足人们多种社会生活需要而建设的具有一定规模的节点型城市公共开放空间，它是物质要素（硬质景观和软质景观）与非物质要素（人的活动）的复合物。城市广场既是一个重要的城市景观要素，也是组织居民多样活动的社会功能场所。它是现代城市空间环境最具有公共性、最能反映都市文明和气氛的开放空间，是城市的"起居室"。

（二）广场与城市的关系

城市景观的实质是城市公共开放空间，它由广场、公园绿地、住宅区环境、道路共同构成。城市广场作为城市中供人们集会、交通、休憩和文化交流的重要职能空间，往往位于城市的节点上，其设计的好坏直接影响城市整体景观风貌，而且对城市空间结构的组织起到一定的控制作用。

历史上，欧洲的传统城市大都以一个城市广场控制着整个城市，广场就是城市整体空间结构的中心。随着城市结构不断复杂化，城市空间也出现了分级现象，城市广场也因此随着城市结构的变化而出现了分级。根据广场在城市结构中的位置和扮演角色的不同，大致分为城市中心广场、城区广场、街道广场、社区广场。不同级别的广场相互间起着重要的互补作用，共同作用于城市空间结构，并使城市公共生活得以在不同空间展开。城市广场对城市景观环境产生影响的同时，也高度依赖于城市生活状态与城市的空间结构。因此，必须将城市广场的设计放在城市设计的高度去研究。

（三）城市广场的分类

城市广场的分类可以从广场性质、广场形式和广场地形三个方面来进行。

1. 按广场性质分类

（1）市政广场。市政广场一般位于市政府和城市行政中心所在地，与繁华的商业街区有一定的距离，尽量避开人群的干扰，突出庄重的气氛，一般面积较大，能容纳较多人。广场上通常会安排一些活动，如音乐会和政治集会等。由于市政广场的主要目的是供群体活动，所以应以硬地铺装为主，同时可适当地点缀绿化和公共艺术小品。

（2）纪念广场。针对某一特定历史事件或某一任务而修建的带有纪念、缅怀性质的广场。常用象征、标志、碑记、纪念馆等手段来突出某一主题，创造与主体相一致的环境气氛。主体纪念物应位于视觉中心，并根据纪念主题和整个场地的大小来确定其大小尺度、表现形式、材料质感等。形象鲜明、刻画生动的纪念主体将大大加强整个广场的纪念效果。

（3）交通广场。交通广场是城市交通系统的有机组成部分，是交通的连接枢纽，以疏散、组织、引导交通流量，转换交通方式为主要功能。交通广场有两类：一种是城市多种交通汇合转换处的广场，如火车站前广场。这类广场要充分运用人车分离的技术，合理组织人流、物流和车流的动线，最大限度地保障乘客安全、便利地换乘和出站。广场要有足够的行车、停车和行人活动面积，并配置座椅、餐厅、小卖部、书报刊亭、银行自动取款机等设施，以最大限度方便游客的出行。

另一类交通广场是城市多条干道交会，也就是常说的环岛，一般以圆形为主，由于它往往位于城市的主要轴线上，所以其景观对形成整个城市的风貌影响甚大。因此，除了配以适当树木以外，广场上常常还设有重要的标志性的建筑、公共艺术或大型喷泉，以此形成与道路的对景。

（4）商业广场。商业广场位于商业区的节点，是城市生活的重要中心之一，是人们进行商品买卖和休闲娱乐的集散广场。商业广场以步行环境为主，内外建筑空间应相互渗透，商业活动区应相对集中，这样既便利顾客购物，也易于形成活泼醒目的商业氛围。合理组织流线，避免人流与车流的交叉，并设置休息设施供人们在购物之余休息。

（5）建筑广场。建筑广场是建筑后退形成的开敞空间，其风格形式要兼顾建筑以及道路对景的需要。芦原义信在《街道的美学》一书中，认为建筑广场可以大大丰富道路的景观，是建筑物和道路相互联系的过渡空间，往往通过设置公共雕塑、花坛、喷泉、标牌加强引导交通和空间隔离的作用。

（6）市民休闲广场。市民休闲广场是城市中供人们休憩、游玩、交流、聚会以及进行各种演出活动的场所。其平面布局形式灵活多样，可以是无中心、片段式的，即每一个小空间围绕一个主题，而整体是"无"的。由于广场旨在为人们创造一个宜人的休闲场所，因此，广场无论面积大小，从空间形态到小品、座椅都要符合人的环境行为规律及人体尺度，才能使人乐在其中。

2. 广场形式的分类

广场的形式大致有规则型和不规则型。选择的形式，主要受地形、观念、文化和设计思想、功能等多种因素的影响。

（1）规则型广场。该类广场一般用地形状比较整齐，由一个基本几何形构成，有明确的纵横轴线，大都呈对称布局，如圆形广场、矩形广场、梯形广场和椭圆形广场等，法国巴黎旺多姆广场就是典型的矩形广场。该广场位于城市道路的两侧，主要的塔形建筑布置在广场正中的纵横轴线的交点上，使塔形建筑物格外突出，成为各条道路的对景。

规则型广场除了单一的几何形态，还有以数个基本几何图形按有序（轴线）或无序（自由拼接）的结构组合成的复合形态广场。相对单一几何形态广场，复合形态广场往往能够提供更多的功能合理性和景观多样性。例如，北京西单文化广场群就是运用矩形和圆形，按照横纵向轴线组合而成的有序复合广场，在这里，以圆形空间为中心的横纵轴线彼此垂直相交，分割出四个方形空间，方形空间以圆心展开连接，形成从点到面、从软质到硬质的有机过渡，从而呈现出空间的大小、开合对比。整个广场群空间收放自如、形状多变但整体统一协调。

（2）不规则形广场。由于用地条件、环境条件、设计观念和建筑物的形体布置要求，出现了一些非规整几何形的自由形态广场。中世纪西欧有许多自发形成的广场，这类广场普遍是高度密集的城市空间中局部拓展的区域，布局形式自由，可以与地形地势充分结合，并具有适当的规模尺度。

3. 按广场地形分类

按照广场的地形变化，可以分为平面型广场和立体型广场。

（1）平面型广场。平面型广场与地平面处于同一水平面，地势起伏不大，没有明显落差，此类型广场最为常见，如上海人民广场、广西北海市北部湾广场等。这类广场具有交通组织便捷、技术要求低、经济代价小的特点，但缺乏空间层次感特色。

（2）立体型广场。立体型广场是把广场整体在空间的垂直向度上与城市地平面之间形成高差而得名。它能解决不同的交通分流，对密集建筑的中心区，更可把自然生态景观重新引入混凝土的城市空间中，给城市中心增添新的活力，立体型广场按其与城市地平面的关系，分为上升式和下沉式两种。

上升式广场高于城市地平面，地势呈上升趋势，只有达到最高点方可了解广场的全貌。广场设施依地势而修建。结合城市设计，特别是城市中心区的改造更新和环境综合治理，上升式广场可以很好地解决人车分流问题。例如，巴西圣保罗市的安汉根班广场的重建，就是把已被交通占据的广场建成在交通隧道以上面积达 6000m² 的上升式绿化地，给这一地区重新注入了绿色的活力。

下沉式广场低于地平面，地势呈下降趋势，在广场最低处是一个大而平坦的区域，这里往往是广场的中心。下沉式广场既可以解决交通分流问题，又在喧嚣的城市环境中为人们提供了一个安静、安全、围合有致且具有归属感的城市空间。下沉式广场大多与城市步行体系相连接，也有的与地下商场沟通，落差处往往结合岩石、水体，使空间充满动感。无论上升式还是下沉式广场，地势的起伏要适度，不可过高或过低，在丰富广场层次和创造具有特色的景观空间的同时，也要考虑公众的行为心理，并为老人、儿童、残疾人的方便与安全提供相应的便利设施。

（四）城市广场景观构成要素

一个活生生的广场概念始终包含社会和物理两大范畴。或者说，一个完整的城市广场包括人的活动及空间物质实体，两者的有机结合直接影响城市广场的景观环境品质，显然，人的活动方式决定了空间环境的性格，但它同时又受到空间环境的影响和制约，两者密不可分。按照这个理念，城市广场的组成要素包括人文景观要素（人的活动）和空间景观要素（物质实体）两大层面。

1. 人文景观要素

（1）人的活动类型。关于人的活动类型有着不同的分类方式。扬·盖尔在《交往与空间》中将人们的户外活动分为必要性活动、自发性活动和社会性活动三种类型，其分类原则基于活动的起因特征，三种类别之间还相互交叉和重叠。费林奇则从历史发展的角度将影响广场空间的社会活动分为经济、政治、社会和宗教四种方式。这里，我们从影响和决定城市广场空间的诸多活动中按照其活动的性质将其四类，即政治性活动、经济性活动、社交性活动、休闲性活动。

①政治性活动。纵观世界历史，无论是君主统治还是民主体制下，政治因素始终干预着建筑的风格、尺度和形式。从古希腊广场到今天的市民中心，国家的政权形态赋予了城市空间的样貌。可见，不同的国家政体有着不同形式的空间造型理念。政治体制和政治活动对城市广场的产生和发展起着决定性作用，它同时也直接影响着城市广场的形态。

宗教礼仪也往往同政治性活动有着密切的关系，出于政治的目的，西方早期许多宗教建筑和广场在城市空间中常常紧密相连，古希腊的奥林匹亚和雅典卫城就是典型的例子。同样，罗马帝国的庙宇也被当作控制性建筑物直接设置在广场的重要位置，宗教信仰作为一种展示政治权威的手段，基本与政治权威合二为一，成为主宰生活秩序的主要元素。再如举世闻名的威尼斯的圣马可广场，在很大程度上是大型政治宗教仪式的舞台。利用这样的形式，贝尼尼将圣彼得广场建设成为人类历史上最伟大的城市空间之一。

②经济性活动。人类生存质量的提高依赖于一系列经济活动的保障，包括生产、贸易和交通活动。历史上，城市广场同样是这类经济活动的中心。

例如，古希腊的集市广场早些时候被看作是政治和社会交往的空间，但随着商业、手工业的不断增长的自由化，许多广场被解放出来兼作集市，成为集市广场，并逐渐发展成为市民活动独一无二的中心。到了罗马时代，许多市场被散布在城市中不同的地方，并分别服务于单一的经济活动，如进行谷物交易的谷市以及进行水产买卖的鱼市等。

中世纪的欧洲城市，市场常常是城墙里唯一的广场，在那里聚集了几乎所有的经济设施，如面包房、肉店、布店以及其他杂货铺，商会和手工业行会一般也都设置在市场广场的附近。可以说，中世纪的"集市广场"概念是城市广场经济意义最真切的写照，尽管在这些广场上的活动远远超过了经济类型。在有些城市，市政厅甚至也成了商场，有些市政厅甚至直接就是由大商场演变而来的，这一发展状况与城市的经济生活密切相关。例如，布鲁塞尔弗拉基广场在供市民休闲娱乐之余，还可作为每周一次的水果蔬菜集市；又如艾弗里大教堂广场周边的改造，使得改造后的广场具有广场和集市双重的功能。

随着现代技术的出现，过去难以解决的大空间、室内采光通风等问题都逐步得到解决，于是，户外的商业活动被越来越多地迁入室内。另外，在众多城市中，商业和办公挤走了原来建筑物上层的居住功能，于是，与广场密切相关的活动类型减少了，城市公共空间的意义正发生着变化。

③社交性活动。城市广场是社会公共生活的结果。人在公共空间里的交往既是人的自然需求，也是人的基本权利。相对于个性和私密概念，它象征着人共同的归属。无论贫富、社会地位高低，人们在那里可以相遇，共同享受蓝天下的空气、阳光和自由。城市广场以此为人提供了一种自我实现的空间，成为公共生活的象征。

因此，城市的公共性广场经常被用来服务于社交活动。在这里，除了日常的聚会，还有许多特殊的活动，如节日庆典、市民集会、婚庆等。位于伦敦市中心的特拉法尔加广场是英国伦敦著名的市民广场。该广场是为纪念著名的特拉法尔加港海战而修建，一直以来都是伦敦市民举行年度节日庆典和政治游行活动的开放之地，同时也是观光游客眼中的名胜之地。如今，许多艺术展览被移到广场上举行，这种文化艺术活动也被染上了社交的性质。

随着现代通信技术的发展，人们的社会交往方式也正发生着改变。有人认为许多曾经发生在广场的活动已经成为传统，城市广场似乎出现了危机，变成一种缺乏社会内涵的单纯的空间元素。也有人认为正因为现代人日常交流机会的减少，才更渴望公共生活，期待社会交往。从20世纪七八十年代以来西方诸城市的复兴与改造中可见，广场占有城市不可或缺的一席之地。但也正因为如此，广场空间在当下的意义以及造型理念和手段也不免发生了微妙的变化。

④休闲性活动。休闲活动的范围相当广泛，它与社交性活动有相似之处，今天的许多社交活动都具有休闲性质，两者的本质差异在于休闲活动的非功利性、个性化和无组织性；而社交活动常常反映出政治、经济或宗教的目的。因此，休闲性活动在很长的历史时期内都缺少公共性特征。例如，早期的贵族或其他富有阶层都将自己的休闲活动与城市公共生活分离开来，典型的休闲活动如狩猎、散步、骑马等都发生在城外，这一特点从古至今，不论是东方或是西方都是如此。因此，休闲活动与城市广场并无本源联系，但它在现代城市公共空间中却扮演着举足轻重的角色，甚至成为影响现代城市广场发展的重要动力。

在当今自由、开放、多元的社会中，休闲已不再是一种少数人的奢侈活动，而成为一个时代生活特征的写照。市民化使休闲活动获得公共性特征，并由传统的贵族式休闲方式变得平民化和城市化，今天休闲成了广大市民追求的生活目标，休闲时间的多少也成了衡量生活品质的重要砝码。这种城市生活的演变使传统城市广场改变了其原有的性质，获得了新的面目，以适应现代生活的需求。休闲广场也正在逐渐取代城市中心广场，成为城市建设的新的重点。

（2）人的活动对广场活力的影响。以上关于人的活动类型的分析反映出这些活动与城市广场空间的互动关系。人们建造城市广场是为了满足人的各种活动需求，广场上人的活动状态直接体现着广场的活力。因为一个受市民喜欢的、充满活力的城市广场必然会引发众多市民长时间逗留，而市民对一个城市公共空间的喜爱程度反映在由这个空间所引发、提供的行为支持的活动强度和多样上，这也是广场是否具有活力的重要指标。

人的活动强度可以从活动参与者的数量以及活动持续时间上得以体现。它直接反映了市民对一个城市广场的喜爱程度。活动强度越高、市民对广场的喜爱程度越高，说明这个广场活力越高，反之越低。

传统的城市广场一般都具有良好的可达性，而且地面以硬质为主，可以满足众多市民集会的需求，因此大多具有高效的使用频率。休闲广场也将吸引人们在广场长时间逗留作为空间造型的首要目标。因此，空间亲和氛围的创造是现代城市广场建设的新趋向，是当今生活背景下提高活动强度的有力手段。

人的活动的多样化程度也反映着城市广场的活力。活动的多样化程度越高，广场对市民活动的支持程度越高，说明广场活力越强。前面提到的广场上可能发生的活动有政治性活动、经济性活动、社交性活动、休闲活动四大类，它们也是影响广场空间造型的四大因素。事实上，一个广场要吸引和支持所有这些活动是非常困难的，所以才出现了专门性质的广场，如纪念广场、商业广场及休闲广场等。从城市设计的角度看，它们显然都不是理想的结果，因为大部分时段里它们是不被充分利用的，对今天土地高度紧张的城市中心来说更是奢侈。同时，活动的分类显然降低了广场的活动强度，因此，追求多样化活动、提高广场活力始终是人们追求的目标。

2.物质空间要素——空间与实体

（1）广场的空间实体要素。广场空间的物质实体分为三种：基面、边界和构筑物。它们的共同作用赋予广场空间形态和景观品质，它们的有机组织使发生在广场上丰富多彩的活动得到行为支撑。每一个元素都以自己的方式影响着广场上人的行为活动，它们在空间造型上不可分离。

①基面。基面是建筑构成的基石，是空间造型的水平元素。缺少基面，广场的边界无从定义，设施也失去根基。在传统城市造型中，广场的基面一般就是地面，但是随着今天城市空间的立体化，地面的概念逐步模糊，广场的基面可以是地下车库、地下商业街或者其他地下设施的屋顶，甚至也可以下沉空间模式出现。关于基面的特征，一般从尺寸、形态、肌理、地形四个方面进行分析。

尺寸：基面的尺寸即广场的大小。尺寸对广场的空间感具有决定性意义，因为一个大型广场和一个小型广场给人的感受和舒适程度完全不同，太大会显得空旷，太小会有压迫感。正如前面所说，广场的空间造型首先取决于各元素之间的相互关系，因此尺寸大小是一个相对的概念，重要的是适度。

形态：没有形态的空间是无法感知的，形态赋予空间基本的性格，它与空间是直接对应的关系。一般来说，形态越简单，表现力越强。例如，正方形、圆形、三角形、矩形和梯形等。其中，正方形称为理智的、稳定的形态，历来有着特殊的象征意义，常被人与天空的四个方向、四季、十字架等联系起来，如法国巴黎的沃日广场等。

圆形是最简单的形，具有鲜明的向心性，是创造空间围合性的最佳形态，标志着封闭、内向和稳定。与正方形相比，它更加简洁彻底，非常适宜人的聚集以及展示，广场中央特别适合设置纪念物。

与正方形相比，矩形表现出明显的动感，并且主轴方向十分明确。另外还有三角形广场和梯形广场，其中三角形表现出富有动感甚至侵略性的特征，比较著名的有法国巴黎埃菲尔广场。

肌理：肌理涉及材料的选择，材料表面的处理方式、铺贴原则、色彩以及图案造型等。基面的肌理可以细化或强化空间效果。在实践中，大面积的广场基面常常被图案造型所分割，通过采用不同的材料和色彩来获得较小的基面尺度感。视觉研究表明，基面的表面结构越细腻，广场空间就越显得宏大。通过对肌理造型进行处理，人们可以突出空间的轴向性，也可以创造空间的向心性。

地形：地形是广场基面在竖向上的变化，往往依托现有的自然因素，或有目的地进行设置，它对空间景观具有积极的影响。实践证明，一些非水平基面的广场会因观察者进入的方向不同而显现出不同的空间效果。例如，从低处往高处走，空间表现出"权威"感；从高处往低处走，空间表现出"私密"和"安全感"。因此，许多重要建筑物都被设置在地势较高的地段以提升宏伟特征，如意大利罗马圣彼得广场椭圆形部分就利用地形变化来突出方尖碑。

②边界。边界主要是指建筑的立面，即广场空间的轮廓。与基面的水平特征相对应，边界主要是竖向的空间围合元素，对广场空间的封闭性具有决定性作用。关于边界的特征，一般从尺寸、形态、肌理、开口四个方面进行分析。

尺寸：尺寸（高低）决定了空间的封闭程度。一般来说，边界越高，空间封闭性越好，低的边界使广场空间显得宏大，高的边界使之显得狭小。至关重要的是，这种空间感受必须与基面大小结合起来观察，因为广场空间效果主要取决于其水平与垂直两个维度的比例关系。不同的比例，会产生不同的视觉效应。

形态：芦原义信从不同的边界形态中总结出三种基本的类型：角柱限定的空间，边封闭、角开放的空间，角封闭、边开放的空间。这三种空间类型都有开口。然而第一种情况下的空间明显是非常开敞的；第二种情况下的空间显得封闭，但开放的角使它比第三种类型更加开放；第三种情况则具有最佳的围合性。可以看出，加强角部的分量有利于空间的围合性。例如，旺多姆广场的4个角尽管被切掉，但是由于造型的特殊处理，不但没有减弱空间的封闭性，反而大大加强了广场的围合特性。

肌理：肌理是边界的表面造型，因为广场的边界一般是建筑的立面，因此，边界的肌理处理主要是关于色彩、材质、几何构成、划分等不同的立面处理，让它们大多呈现出具有立体或浮雕感的肌理，使广场空间获得一种新的尺度。

开口：广场与城市结构紧密相关，广场的开口是联系城市与广场空间的桥梁，是进入广场后行动路线的开端。因此一个矩形广场,从长边还是短边开口给人们的感受是完全不同的。从长边进入,显现出面阔广场的特性;从短边进入,更像一个纵深广场。从视觉心理学的角度看,开口的选择最好能使视线通向某个对景,朝内朝外都是如此。巴洛克和古典主义的城市建设就有意利用了这一原理,宽阔的大街从透视上将人的视线引向远处雄伟的建筑。

③构筑物。构筑物的形势较多:喷泉、艺术品、纪念物、路灯、座椅、售货亭、绿化小品等。良好的构筑物设置,可以将较大的广场划分为不同的活动区域,表现出亲切的、更具人性化的尺度。

构筑物也是广场活动重要的行为支撑,几乎所有的设施都具有明确的功能目的。传统广场的喷泉不但是艺术品,还能很好地解决市民的饮水问题,如圣基米亚诺广场上的水井;路灯解决了广场的夜间照明,同时也有空间美化的效果;座椅的设置方便了活动者的休息;售货亭方便了来往的行人;绿化小品给空间带来自然生气与个性特征。可以看出,这些设施是人们在广场逗留时间的决定因素,其吸引力非常重要。因此,一个复合、多样的构筑物设置非常有助于空间活动的多样性,从而提升广场的活力。

(2)空间实体要素对广场活力的影响。基面、边界和构筑物这三种实体要素从物质层面上构成了城市广场的空间,它们也以各自的方式影响着广场的景观品质和活力。一般来说,一个广场是否具有良好的景观品质、是否具有活力,很大程度上体现在围合性和方向性这两个方面。具体包括空间的封闭感、开放性、向心性和轴向性四个指标。不同性质、不同功能的广场对空气的围合性和方向性有不同的要求,表现出其各自的性格特征。

综合评价一个城市广场的景观品质和活力,往往需要对基面、边界、构筑物三个因素综合考虑。例如,爱尔兰都柏林市的大运河广场具有明确的轴向性和较好的围合感,从基面形态来看,设计师设计了一条红色的、宛如地毯的步道,由剧院门口一直延伸至运河之上;而另一条与之相交呼应的绿色植物带则连接了酒店和办公建筑。此外,基面上纵横交错的铺装带与红绿两条轴线形成丰富的肌理效果,也将广场的基面景观延伸至周围建筑,使本来面积较小的广场显得更加开阔。从广场构筑物来看,两座通往地下停车场的亭子和一座堆叠式喷泉,三者均呈三角形,与地面上被铺装带划分出的多边形图案相得益彰。堆叠式喷泉立体复合的造型使涌出的水流呈现丰富的层次。而设立在红步道上的若干个红色立柱,将轴线空间分割成不同的小空间,极大地活跃了广场的自由氛围,明确了空间的轴向性,加强了空间的个性特征。

（五）城市广场景观设计导向

1. 城市广场景观设计原则

（1）满足人在广场中的行为心理。现代城市广场是为人们提供更方便、舒适地参与多样性活动的公共空间。因此，现代城市广场的规划设计更要贯彻以人为本的原则，主要就是对人在广场上活动的环境心理和行为特征进行研究。

人的行为心理是人与环境相关关系的基础和桥梁，是空间环境设计的依据和根本，心理学提供了这种空间环境中"人"的观点。根据著名心理学家亚伯拉罕·马斯洛关于人的需求层次的解释，我们把人在广场上的行为归纳为四个层次的需求。

①生理需求。即最基本的需求，要求广场舒适、方便。

②安全需求。要求广场能为自身的"个体领域"提供防卫的心理保证，防止外界对身体、精神等的潜在威胁，使人的行为不受周围的影响而保证个人行动的自由。

③交往需求。这是人作为社会中一员的基本要求，也是社会生活的组成部分。每个人都有与他人交往的愿望，如在困难的时候希望得到帮助、在快乐的时候希望与人分享。

④实现自我价值的需求。人们在公共场合中，总希望能引人注目，引起他人的重视与尊重，甚至产生想表现自己的即时创造欲望，这是人的一种高级需求。

广场空间环境的创造就需要充分研究和把握人在广场中活动的行为心理，满足上述不同层次的要求，从而创造出与人的行为心理一致的场所空间。

（2）具有城市空间体系分布的整体性。整体性包括功能整体性和环境整体性两个方面。所谓功能整体性即是说一个广场应有其相对明确的功能和主题。在这个基础上，辅之以相配合的次要功能，这样广场才能主次分明、特色突出。环境整体性同样重要，一方面要考虑广场环境的历史文化内涵，时空的连续性，整体与局部、周边建筑的协调关系问题。另一方面，要考虑作为城市空间环境有机组成部分的广场，往往是城市的标志，是城市开放空间体系中重要的节点。城市中的广场有功能、规模、性质、区位等区别，每一个广场只有正确认识自身的区位和性质，恰如其分地表达和实现其功能，才能共同形成城市开放空间的有机整体性。因此，对不同功能、规模、区位的广场应从城市空间观景的角度进行全面把握。

例如城市中心广场，由于其重要的地理位置，往往是属于全市市民的、大众共享的公共生活的地方。它是我们感知一个城市的关键要素，是城市生活的缩影，因此必须具有城市的强度和复合度。例如，意大利锡耶纳坎波广场是连接原有三个小镇的枢纽，成为合并后的锡耶纳城市的中心广场，它不仅位于三个小镇的几何中心，同时也是三个城区共同的生活中心，高度体现了市民的和谐生活、共同发展的愿望。

再如街道广场，往往与城市道路相联系，大多由街道空间的局部拓展而形成，与城市街道具有自然而紧密的关系，在造型上也不拘泥于严格的几何特性。因此街道广场的城市性特征非常明显，其庞大的数量为城市开放空间体系的完整性和生动性提供了有力的支持，使城区空间完整有序而富有变化。

（3）讲究可持续发展的生态设计。城市广场是整个城市开放空间体系中的一部分，它与城市整体的生态环境联系紧密，因此现代城市广场设计要遵循生态规律。

城市生态环境建设主要包括自然景观的生态性和文化的生态性建设两方面。

在自然景观的生态型建设方面，由于过去的广场设计只注重硬质景观效果，大而空，植物仅作为点缀、装饰，疏远了人与自然的关系，缺少与自然生态的紧密结合。因此，现代城市广场设计应从城市生态环境的整体出发，一方面用园林设计的手法，通过融合、嵌入、缩微、美化、象征等手段，在点、线、面不同层次的空间领域内，引入自然、再现自然，并与当地特定的生态条件和景观特点相适应，使人们在有限的空间中得以体会无限自然带来的自在、清新和愉悦。另一方面，城市广场设计要特别强调生态小环境的合理性，既要有充分的阳光，又要有足够的绿化，冬暖夏凉、趋利避害，为居民的活动创造宜人的空间环境。

随着社会文化价值观念的更新，文化的生态性建设也越来越引起社会的关注。一些陈旧、过时的东西不断地被淘汰，一部分有价值的历史文化、建筑文化得以积淀，如保存完好的古建筑、古迹等。在这种对传统文化和历史文脉的继承延续中，交融着人类的文化感情。随着信息社会的到来、科学技术的进步，现代城市广场的设计既要尊重传统、延续历史和文脉，又要有所创新和突破。

（4）建筑连续的步行环境。步行化是现代城市广场的主要特征之一，也是城市广场的共享性和良好环境形成的必要前提。随着机动车日益占据城市交通的主导地位，广场的步行化更显得无比重要。广场空间和各种要素的组织应该支持人的行为，如保证广场活动与周边建筑及城市设施使用的连续性。在大型广场中，还可以根据不同使用活动和主题考虑步行分区问题。

（5）突出个性特色。所谓个性特色是指广场在布局形态与空间环境方面所具有的与其他广场不同的内在本质和外部特征。其空间构成有赖于它的整体布局和六个要素，即建筑、空间、道路、绿地、地形与构筑物的塑造。同时应特别注意与城市整体环境的风格相协调，否则广场的个体特色将失去意义。

（6）重视并融合公众参与。调动市民的参与性，首先要从需求出发，让广场关联到每个人，使更多人从更多方面参与到活动中来；其次是为人留有多种选择的自由性；最后是作为活动的空间载体，要有丰富的文化内涵，使人既能感受到文化的感染，又能积极参与到文化意义的认知和理解活动中，使广场具有永久的生命力。

2. 城市广场景观空间设计

（1）广场与城市道路。城市广场与城市道路的关系一般有三种，即广场本身作为城市道路、广场与城市道路相交、广场与城市道路脱离。

其中，广场作为城市道路大多属于街道式广场的类型，一般这种广场需要容纳较大的交通量，其城市性特征十分明显，广场界面与城市街道界面的连续性处理是设计的关键。

城市中的广场大都与道路呈相交的关系。这样，城市主路带来的较大交通量，使与城市主路直接相交的广场均或多或少受到强烈的过境交通的影响，这对广场活动和空间的封闭性显然不利。法国旺多姆广场的利用状况非常有力地说明了这一点，在那里，随着城市机动车辆的增多，横穿广场的交通控制了整个空间，除了少量观看商店橱窗或暂时歇息的行人外，很少发生值得重视的公共活动，大大削弱了广场的环境品质和活动，尽管空间造型考究，但还是显得比较冷清。在处理这类道路与广场的关系时，可以考虑将过境交通引导到广场边沿经过，保障广场环境的完整性。

再一种是广场与城市主路是相互脱离的关系，除了直接与道路相交外，许多城市广场的设置是主要道路从广场空间的旁边经过。因为这种方式既保证了广场与城市结构的紧密关系，也避免了过境交通对广场空间和活动造成的负面影响。广场显得封闭和安宁，但是相比与主路相交的广场，可达性略差，与城市道路的关系也相对较弱。

（2）广场与围合建筑。广场作为城市中最重要的开放空间，直观地讲，是通过周边建筑物、构筑物或其他围合要素对空间进行限定的结果。因此，广场周边围合建筑的风格、体量、比例、色彩以及对空间的围合程度都直接影响着广场的空间品质。

首先，周边建筑的风格定位直接关系到广场的形象。例如，欧陆风格、中国古典风格，或者现代风格的建筑。那么，在进行广场的具体规划设计时，就要充分考虑与周边建筑在形象上的协调，使之成为联系城市不同建筑的空间媒介。

其次，周边围合建筑的体量和比例是确定广场规模大小的关键因素。例如，一个尺度宜人的城市广场，周边围合建筑以三层、四层为主，那么同样的广场空间置身于高楼林立的环境中，必然会感觉如坐井底，其空间品质将大打折扣。

最后，广场围合常见的要素有建筑、树木、柱廊以及有高差的地形。因此，广场围合建筑在较大程度上影响着广场的封闭性和开放性。一般来说，封闭性较好的广场能够给行人提供足够的安全感。在传统城市中较多出现三面或四面围合的广场，围合要素大多是建筑，而且以居住建筑或宗教建筑为主，如欧洲中世纪的许多城市广场，它们往往具有良好的视觉比例关系，封闭性较好，具有极强的向心性和场所感。两面围合的广场则更多配合现代城市里的建筑设置，如日本黑川纪章设计的福冈银行入口广场，原广司设计的大阪新梅田中心广场等。值得一提的是，广场围合还与建筑的开口位置以及大小有关，如在角部开口的建筑与在中央开口的建筑对广场的围合程度有明显不同。

（3）广场景观要素设计。城市广场景观要素主要有地形、绿化、色彩、地面铺装以及景观环境构筑物设计。

①地形设计。地形不仅影响着广场的功能布局，也影响着人的动线组织。前面我们提到，广场的地形有平面式和立体式两种，采用什么形式，主要是考虑广场的用途，如果是政治或纪念性广场，或者广场主要用于集会，人流量巨大，地形不宜起伏，一般采用平地广场形式。商业广场和街道广场一般要顺应地形的变化，为了营造层次丰富的空间效果，可以有意识地采取坡地形式。

如果土地的地形起伏较大，可以考虑立体式。

②绿化设计。绿化是城市生态环境的基本要素之一。作为软质景观，绿化是城市空间的柔化剂。今天城市高层建筑鳞次栉比，街道越发显得狭窄，通过绿化的屏障作用可以减弱高层建筑给人的压迫感，增加空间的人性化尺度，并适当掩蔽建筑与地面以及建筑与建筑之间不容易处理好的部分。

城市广场的绿化设计要综合考虑广场的性质、功能、规模和周围环境。广场绿地具有空间隔离、美化景观、遮阳降尘等多种功能。应该在综合考虑广场功能空间关系、游人路线和视线的基础上，形成多层次、观赏性强、易于管理的绿化空间。一般来说，公共活动广场周围宜栽种高大乔木，集中成片的绿地不小于广场总面积的25%，并且绿地设置宜开敞，植物配置要通透疏朗。车站、码头、机场的集散式广场应该种植具有地方特色的植物，集中成片绿地不小于广场总面积的10%。纪念性广场的绿化应该有利于衬托主体纪念物。

值得一提的是，树木本身的形状和色彩是创造城市广场空间的一种重要景观元素。对树木进行适当修建、利用纯几何形或自然形作为点景的景观元素，既可以体现其阴柔之美，又可以保持树丛的整体秩序；树木四季色彩变化，给城市广场带来不同的面貌和气氛；再结合观叶、观花、观景的不同树种及观赏期的巧妙组合，就可以用色彩谱写出生动和谐的都市交响曲。

③色彩设计。色彩用来表现城市广场空间的性格和环境气氛，它是创造良好空间效果的重要手段之一，处理得当，会给人带来无限的欢快和愉悦。例如由长谷川浩己设计

的帝京平成大学中野校区，区内东侧的广场地铺颜色以灰色为基调，以木制坐具呈现出的天然木色和大理石坐具的黑、白、米黄三种颜色相组合，再将白色和米黄色两种浅色延伸到灰色的地面，加以点缀和装饰。而在垂直界面上，设立高大榉木以形成整个广场空间维度上的张力。木板、大理石、榉木，这些颜色构成丰富、和谐的色彩，使得整个校区广场形成了既统一又多变的中性色系空间体。然而，过于多变的色彩设计并非总会取得良好的广场效果，也并非所有广场都应以强烈色彩来表现。以上所列举的校区广场正是如此，又如纪念性广场也不便使用过分强烈的色调，这会使广场产生活跃与热闹的气氛，反倒弱化了广场本应具有的庄重、肃穆之感。

④地面铺装设计。广场中的地面铺装具有限定空间、标志空间、增强识别性、强化尺度感以及为人们提供获得场所的功能。地面图案设计可以将地面上的人、树、设施与建筑联系起来，以构成整体的美感，也可以通过地面的处理达到室内外空间的相互渗透。例如，丹麦哥本哈根市中心的商店街将三个广场连接在一起，成为一个整体，并呈现出中世纪时期错综复杂的市中心景象。由于三个广场所处位置和历史背景不同，布局设计也各有特色。其中，Hauser Plads 广场相对另外两个广场显得更为亲切可人，绿色的软质铺装覆盖在灰色的基面上，形成了绿岛般的微地形，这里更多时间是孩子们的乐园，彩色铺装形成的绿岛可以让他们在玩乐中展开无尽的遐想。

⑤景观环境构筑物设计。我们在之前的广场物质空间实体要素中曾谈及构筑物这一环境要素。环境构筑物作为广场空间中不可或缺的要素，主要包括柱、碑、墙、道、水景、雕塑、壁画、装置艺术品等，也包括经过艺术处理的特殊的建筑物和构筑物，如具有艺术特点的廊架、垃圾桶、指示牌、报刊亭等，还有一些为人们提供休息和服务的设施，如坐椅、路灯等。它们一方面具有点缀、烘托、活跃环境气氛的游赏功能，另一方面为人们提供识别、依靠、街景等使用功能。如处理得当，可起到画龙点睛和点题入境的作用。

在具体的环境构筑物设计中，首先要把握设计主题的统一性，即主题要符合广场的氛围，如纪念广场可以在轴线上设置具有纪念意义的碑、柱等，形成视觉焦点。商业广场、休闲广场则避免布置主题严肃的景观小品，应以活泼、大众化的题材为主。环境构筑物的风格要追求统一中富于变化，避免各种风格差异较大，给人们带来凌乱之感。一般来说，纪念性广场要控制构筑物的数量，以简洁、稳重、肃穆的风格为主，商业广场应追求活跃的气氛，造型和色彩也要体现商业氛围。构筑物的摆放位置也要系统化，充分结合人的行走路线和空间的组织，切忌随意摆放。此外，构筑物应尽量面对主要人流摆放，还可以与绿化、设施组合，形成趣味空间。

综上所述，笔者之所以用很大的篇幅对道路、公园和广场进行分析和解读，是因为若想了解城市环境系统,并有机地、合理地运用景观公共艺术展开对城市空间、场所、领域的塑造,就不得不对道路及街道、公园及中心社区、广场及中心区进行系统的认识和理解。它们作为景观公共艺术核心的空间舞台,涉及城市公共空间的各个方面,只有对城市环境脉络有了系统、健全的认知,才能更加理性客观地展开设计工作,更好地投入到感性的创造情境中。

第三节 景观公共艺术设计的空间性质分类

任何环境都有其特定的空间性质,不同的功能场所也有不同的公共要求和行为限定,这种对行为者的要求称之为场所的伦理规定。公共艺术在很大程度上必须适应、符合这种公共场所的伦理规定。这意味着公共艺术受环境场所的影响和制约,它的空间特性决定了它并非放之四海而皆准的艺术。如前面所提及的有关场域性的论述正是就公共艺术的空间特征和性质而言的。我们不妨设想一下,如果将丹麦哥本哈根海港的美人鱼像移植到我国的某个沿海城市里,美人鱼像原有的艺术和文化力量是不是会变得虚弱无力呢?这是因为它到了一个不适于自己的环境或场所里,更谈不上和环境的对话。可见对景观公共艺术所在空间性质的认知是非常必要的。

对以上场所伦理规定和空间特性的论述中又可以得到如下对空间场所的认识和启发。

其一,人对环境的信任感和安全感源于对环境的熟知程度。陌生的环境易使人对每一个场景都难以做出预判和期待,其行为过程也会因此受到影响,而安全感在很大程度上是依赖于我们对环境的熟知程度,由此做出后续行为的预判。其二,空间性质和特征对人的行为影响至深。场所伦理会对人的行为提供暗示,如纪念场馆的肃穆庄严、文化场所的内敛含蓄、休闲场所的悠然惬意、娱乐场所的欢快愉悦等氛围,都是针对场所伦理而言的。这种场所不决定人的行为过程,但可以影响人的行为与交流方式。围绕人们生活与工作的轴线所展开的对城市熟悉区域的认知,正是由场所伦理功能所推进,由人的城市公共环境的"熟知感"所构成的。其三,场所意义提供的城市意象和对美学空间的认知。人们每天赖以生活和工作的场所和环境,如居住空间、公共建筑、公共广场、街道、公园,正是这些空间框架构建了城市的基本空间结构和意象系统。也可以说是人们的生活构建的意义场所系统,其中又有标识城市面貌的核心空间系统,如北京的奥林匹克公园、芝加哥的千禧公园、里约热内卢贫民窟改造项目等,它们都标识出城市环境的美学空间,这个城市美学空间对城市意象的生成更易于人们形成一种熟知的城市环境。

一、权力机构场所

当代公共艺术在层次和内涵上呈现多样的态势，除了表现区域文脉、社群利益、民生民俗、生活娱乐的艺术之外，还包括严肃意义的纪念性艺术、承载精英意识的艺术以及文化观念的艺术。因此，权力机构场所也成了公共艺术得以表现的环境之一。权力机构是国家及政治权力象征的场所，在该环境内的公共艺术多体现国家或行政部门的意志与行使权力，该场所的公共艺术与其他场所环境相比具有一定的特殊性，该特殊性主要体现在作品赋予的场所意义和价值承载上。诸如政府大楼、城市中心广场、党政院校、法院等场所，一般这种场合的公共艺术的功能性作用无须被考虑，而审美和精神价值才是最重要的。

在联合国总部，有很多成员国赠送的雕塑作品，其中最为著名的是《打结的手枪》和《破碎的地球》。《打结的手枪》是一个近乎黑色的青铜雕塑，被设置在联合国总部花园内，这是卢森堡在1988年送给联合国的礼物，作品的寓意显而易见，意为禁止战争、杀戮、暴力，倡导和平，这座雕像以生动、直观的方式向人们传达了联合国组织存在的意义，并不断向过路人透露着属于武器的固有的庄严，造型诙谐之余给人以深刻的反思。

二、社会公共文化场所

2011年，文化部、财政部共同出台了《关于推进全国美术馆、公共图书馆、文化馆（站）免费开放工作的意见》，这意味着我国博物馆、美术馆、图书馆等公共文化场所的管理和运营开始与国际接轨。公共文化场所包含美术馆、博物馆、影剧院、图书馆、文化园、文化茶座以及周边的一系列配套环境、功能设施。公共文化场所是民众日常生活的重要活动场所，最能直接体现社会公共服务职能，从而间接实现文化建设职能。

以博物馆和美术馆为例，资金不足和典藏量不足始终是很多博物馆和美术馆的经营问题。尤其是规模小、知名度低的文化场馆更面临着生存危机。在法国，博物馆的社会职责是尽己所能地做好面向公众的文化事业。在政府出资经营下的文化场馆基本不存在经费紧张问题。即便这样，法国多数美术、博物馆对日常馆藏展示之外的特别展出还是实行收费制，只是票价相对人均收入来说已经非常低廉了。而且面对未成年、老年人、残疾人士仍然是免费开放的。日本的情形和法国类似，即便是国、公立博物，美术馆也实行收费制，但票价同样颇为便宜，而且对特殊人群来说会享有很多优惠。

以日本新国立美术馆为例，馆内展出有成就的国内外艺术家作品，也展出本国知名度不高、尚在发展中的新生艺术家作品，或是承办美术院校的毕业制作展等。有这样一个巨大的展示场所，对众多的艺术组织来说，未尝不是一件好事。无奈的是由于缺乏典藏经费，新美术馆内没有属于自己的藏品，完全依靠临时性展览来维持美术馆的运营。在收藏力度上的欠缺不能不说是日本国营美术馆的一个弊端。尽管如此，国家仍不惜人力、财力开发建造这样一个大展示场，以临时性展览的方式来达到为民众提供更完善、更规范的美术教育资源与空间。从日本新国立美术馆的开发建设力度可见，日本对本国和他国文化传播与展示的积极态度。西方的文化优势和重点是文化场馆，以及它们连带承担并高度发挥的文化教育功能，日本正是遵循该理念展开大众文化教育的。汇集在东京的美术馆，其数量之多、规模之大令人叹为观止，美术馆里经常会看到不同年龄、行业的人，观众绝不局限在美术圈内，这使得人口密度之大的东京蕴藏着巨大的艺术爱好人口。

所谓城市形象其实是一个城市文化的外显，也是公众对城市内在实力、外显活力、发展前景的具体感知、总体看法和综合评价。城市主题文化无非是根据城市特质资源形成的特质文化来构建城市主题空间形态，并围绕这一主题空间形态来发展城市、建设城市的一种文化策略。城市的主题文化并非同一，也可以是多元的。因此公共文化场所具有各种类别、性质和功能，它是城市文化得以展现的重要载体，具有环境和艺术双重属性的景观公共艺术也是公共文化场所得以发挥内在文化功能的重要媒介之一。

公共艺术资源与社会方式的整合和利用问题是其基本问题。当代艺术融入公共空间或使艺术资源进一步的社会化、公益化，就需要使艺术的社会资源加以整合并充分利用。这些资源主要是指艺术博物馆（美术馆）、各类艺术的公开展览、艺术学院的开放式教育与艺术培训活动。有围墙和没有围墙的展示空间、长期的和临时的艺术展览、文凭化的教育和非文凭化的艺术教育，都可以成为实现公共艺术之文化精神及社会目的的方式和载体。也只有这样，才能促使公民大众有更多机会介入艺术或直接进行艺术的鉴赏和创作，以培育其人格和聪慧、自由的心性。

三、商业场所

中心城市一般是国家及大区域的经济、文化、教育、科技、信息、综合交通、对外交往和中介服务的中心，而商业区域在一个国家或区域经济社会发展中具有很强的集聚、辐射、带动和综合性服务功能，主要表现在集聚功能、辐射功能、携领功能、综合服务功能上。随着中国城市化发展的日新月异和消费文化的提升，商业空间早已从单纯的物质消费空间向精神消费空间转化，城市商业场所已成为一个集购物、饮食、娱乐、休闲、旅游、住宿于一体的综合性的、信息化的、智能化的商业空间环境。

商业空间一个最主要的环境特征就是引导消费。此外，从人性化的空间布局和装饰独特的店铺看板及宣传海报不难看出在引导消费的同时，还赋予了人们愉悦、享受的人文消费环境。直接带动起当下消费意识的并非消费文化，而是看得见摸得到的消费环境。因此，商业场所的环境形态、形象内涵、功能价值、文化场域都已成为消费引导作用中不可或缺的因素，商业空间的开发建设在城市建设领域也占有相当大的比重。

景观公共艺术在商业环境里的作用首先是营造时尚的商业文化氛围；其次是增添艺术感；再次是活化商业区环境，缓解视觉和精神压力。步行街和广场是商业场所里"动"和"静"的两大空间形态。从空间构成来看主要包括街道、边界、区域和节点。商业场所里的景观公共艺术设计可遵循这四个空间特性展开方案构想。

1. 街道

步行街是贯通商业区域的重要道路和交通路径。步行街作为线性动态空间，具有流动性、连续性和节奏性的特征。商业店铺和街区景观都是随着步行街道的延伸而展开的，而人的行为又对商店街的空间尺度和形态有着影响和制约。例如，开阔的步行街缺少节点变化和绿植，人们就会感到乏味无趣；没有穿插供人停驻的小空间，人们就会觉得倦怠；往返步道的界限划分不够明确，人流就会混乱无序。景观公共艺术可根据人在流动空间的行为规范和需求进行适合该空间的设计，色彩新奇的地饰铺装、造型简易的铁艺桌椅、充满趣味的遮阳棚、时尚品位的指示看板、活泼可爱的植物花箱，乃至垃圾桶、电话亭这些在人们行走中经常会使用到的环境设施都可以作为公共艺术的媒介物，而且它们也是构成商业步行街空间形态必不可少的环境元素，只要着眼于大空间却又不失小细节，哪怕一个小小的指路牌都会令人会心一笑。

2. 边界

边界是指街道两侧的商业建筑立面对街道面积和形态的界定。步行街到建筑的过渡形成了水平界面和垂直界面的转接关系。边界空间主要指店铺形态、店面形象而言。人们走在街道向一侧或两侧的店铺观望，以此决定是否进入其中。此时街道到边界的转接空间就变得十分重要，空间的过渡和转换形成怎样的视觉和精神感受，这直接影响着顾客的视觉享受和购买意愿。那些能够代表店铺特色或是起到招揽宣传作用的看板、墙画、公仔模型在商业空间里都可以被无限制地艺术化，商业性本身赋予了它们强大的展示功能，因此边界空间的店铺装饰是商业区公共艺术最具特色的典型代表。

3. 区域

区域指商业空间里面积开敞、汇集人群、功能多样的共享空间，通常作为一个特征空间被人们意象和识别，多以大中小型主题单元广场的形式出现，与街道形成线面相融汇的整体商业区环境。区域空间的构成形式、肌理色彩、细部功能等环境特征均应呈现出作为商业区中心地段的特色之处。中心广场的景观公共艺术无论是单体的还是多体的，都应该能够彰显商业文化内涵，营造商业文化氛围，带动商业文化精神，使区域更具商业环境中心地段特征。

4. 节点

无论是商店街的流动空间还是广场的集会空间，都需要景观节点将它们进一步串联起来，形成动静结合、疏密相间的空间秩序。完整的商业环境设计不应仅仅满足于功能，还应该给人进入、停驻、绕过、穿越空间的乐趣体验。在各个环境节点处设置公共艺术作品，可以形成多个景观节点，它们就像是调味剂，可以给环境增添不同的味道。

在中外城市繁华的商务中心区、商业性街道、广场、经济开发区的开放性场所中存在着富有艺术创意和地区标识意义的各类建筑物或各类雕塑作品，它们具有较强的视觉表现力和氛围感染力。它们可能同时具有文化的多义性和多功能性，如对特定商业环境的形式美感及个性化空间的营造，对本地区文化特色及历史文脉的显示，对多样化社会群体的审美及娱乐需求的回应，或对特定场所的公共精神及行为方式的引导；其中也可能呈现出对某些社会问题的隐喻或善意的提示。应该说，公共艺术在不同的商业环境中的存在与介入，未必意味着它仅作为某种纯粹娱乐和商业传播的工具，或在艺术品位上的低下与平庸。许多情况恰恰相反，由于公共艺术恰如其分地寓情于境或寓教于乐，促使公众对特定空间环境的识别、认同和审美效应得以强化，使艺术的文化魅力和公众参与性得以提升。显然，艺术在其中优化了商业和消费空间的人文环境，增添了人气和社会活力，具有综合的文化与社会效应。

四、生活社区场所

社区的定义源于1974年的世界卫生组织对适用于社区卫生作用中"社区"一词的界定，即指固定的地理区域范围内的社会人员所组成的团队，通过社会互动，形成特有价值体系和社会福利的行政区域。从定义中可见，社区是以区域居住环境为基础，由生活中衣食住行所需的共同利益而产生社区居民之间的认识和往来，形成共同的和生活相关的社区系统，以此行使社会功能，建立该社区规范，培养社区情结，使居民产生社区归属感。社区环境的建立是社会民主自由、开放共享的象征，社区化发展已逐渐成为我国社会生活的主要发展模式。

社区根据地理疆界范围和人群数量会呈现诸如城市市区、郊区、城镇、乡村、街道等不同规模。作为地方社会或地域群体，社区环境也会具有鲜明的区域特征。我们可以把社区看作一个相对较小的综合性领域,在这个领域里涉及社会团体和物质环境之间的关系,也就是环境与人、人与人之间的社会动态关系。这种关系直接体现在社区环境、社区文化和社区品牌效应等产业体系上。而公共艺术所具有的综合功能最适合于社区环境的改造和优化,通过景观公共艺术项目产业可以更好地释读环境与人以及人与人的关系。

从日本公共艺术在社区的发展现状来看,尽管所用材质、创意、审美趣味与中国有许多不同之处,但仍可从中得到许多宝贵的参考和借鉴。日本公共社区建设从平民基层入手,目的是提升全民综合的艺术文化素养,而非搞市场经济和营利,在管理方面相对国内有着更完善的制度和严格的行业标准。日本公共艺术街区的景观雕塑在规划上注重与空间环境的自然结合,从而形成一定的都市和街景的性质。作品的主题和形式能够符合市民的审美需求,呈现更多休闲、游戏般的生活情趣,使人更易于欣赏和解读这些公共艺术作品。这些公共艺术的装扮与点缀,使日本的街区形成浓厚的地域艺术文化特色。

公共艺术要服务于公众、服务于社会,势必要走制度化和社区化的道路。一个城市的公共艺术建设要靠城市里多个社区去完成,城市中传统社区和新建社区,单纯的住宅性社区和多元复合的社区,或所谓高档社区和普通社区中都存着许多值得人们感怀、纪念、传承和表现的人情世故及其风物遗韵,在里弄文化、市民文化、商业文化和多元并存的外来文化中,着实存在着值得艺术家去努力发掘和提升的艺术题材和文化精神。这些都是社区公共艺术特有的社会资源和耐人寻味的文化底蕴,是汲取和彰显独特的社区精神的根本源泉。

五、公园场所

公园是由政府或公共团体修建并经营,面向社会开放,以供公众娱乐、休憩、观赏、开展户外科普、文体及健身等活动的公共园林。在城市化建设步伐急剧的今天,公园更承担着改善都市生态结构,构建"都市氧吧"的积极作用。公园一般除了规模较大的森林自然公园之外,泛指城市公园。大致可分为综合公园、社区公园、专类公园、带状公园。

1. 综合公园

综合公园指在市、区范围内的,供民众日常使用的较大型的综合性功能公园。综合性公园要求环境品质优良、内容丰富,园内功能分区明确、设施完备,呈现不同的空间特色。

2. 社区公园

社区公园设于特定居住区域范围内,以供该区域的住民使用,也包括为居住园区配套建设的园区公园。社区公园的面积大小不一,一般根据空间基地现状灵活设置,作为具有一定活动内容和设施的集中绿地而深受民众喜爱和利用。社区公园一般在功能的丰富性上没有太多限制，以满足民众日常休闲娱乐为主，在设计上别具一格、特色百出，往往能够以小见大地彰显社区文化生活。

3. 专类公园

专类公园涵盖内容丰富多样，指以特定主题内容和形式设立的公园，包括景区公园、纪念公园、文化公园、动植物园、儿童公园、体育公园、游乐公园等。

4. 带状公园

带状公园在城市里随处可见，它是结合城市道路、滨水而建，以景观绿化为主、功能设施为辅，由于在宽度上受基地条件的限制，形态多呈狭长状，因此名曰带状公园。

在欧洲国家，人们把公园作为贴近自然的绿色区域来使用，在这个自然区里可以有饭店、游乐场、动物园、活动区、饭店、商店、休息区，人们可在其中进行多种活动。由于城市公园与人们日常生活关系密切，也是景观公共艺术最易于发挥功效的理想环境之地。

公园场所的景观公共艺术在设计主题和表现样式上丰富多元，一般根据公园的主题内容进行与之相呼应的主题设计，以此突出主题性。例如动物园，可多以可爱萌动的动物形象为设计主题展开立意和构思；儿童乐园多以和儿童相关的童话和寓言故事为设计创意；纪念公园多以与之相关的人物、事件为蓝本进行题材创意，一般要避免过于张扬和无拘无束的表现形式。此外，公园要求具备良好的生态环境和较为完善的公共设施。因此，景观公共艺术有了更大的发挥空间。很多公共艺术家善于把作品和生态水景、公共设施等诸多环境要素相结合，将艺术与环境要素一体化、多元化。这样所表达的公共作品就具有艺术性和使用功能的双重功效。还有人善于将一些艺术上的细节东西潜移默化地融入公共设施和园林环境中，所到之处给人一种"润物细无声"之妙感。

公园场所的多元化和开放性使得它在当下逐渐成为一种文化展示和交流的重要平台。各国致力于开发建造的雕塑公园，就是抓住公园与生俱来的公共属性让人们聚集其中，再通过雕塑作品的设置来营造一个大的展示场，开发人们自主选择欣赏艺术品的权利和公共艺术的功能。上海市中心唯一的雕塑主题公园"静安雕塑公园"位于上海市静安区北京西路500号，始建于2007年10月，是一座现代园林风格的雕塑公园，具有大众休闲、雕塑展示、艺术交流三大功能。整个公园围绕现代风格主题结合雕塑错落有致的布局，在景观营造上以现代手法建设了廊架、百米跑泉、台地园，营造了规整、清新且丰富的公园景观环境。整个公园划分为入口广场、流动展示长廊、中心广场景观区、白玉兰花瓣景观区、梅园景观区、小型景观区六大功能区，以流动展示长廊为主线，将各个主题景观空间和不同创意的国内外雕塑串联起来，创造了不同视效。静安雕塑公园特色鲜明的主题定位使其作为专业完整的雕塑公园在全国范围内具有独特的唯一性，成为市民心中独具趣味与亲民的艺术园区，更是上海市雕塑艺术展示和交流的重要平台。公园承办了2010年和2012年的国际雕塑展，并致力于将"JISP"静安国际雕塑双年展打造成国际性艺术展览品牌，"2013年上海青年蚂蚁设计节"在该公园举办，着重演绎"追逐青春梦想，开启创意之门"的精神。此外这里还成立了青少年公共艺术教育基地，举办一系列活动，如艺术论坛、摄影大赛作品展等，逐步发展成为上海市公共文化生活中的一个品牌。

六、交通场所

如前所述，城市道路主要包括以机动车交通为主要特征的道路和以步行为主要交通方式的街道两大类。其中道路包括高速公路、城市车道、公交车道、轻轨车道、自行车道等；街道包括大街、胡同、林荫道、步行街等。也可以把前者理解为联系城与城之间的交通空间，后者理解为城市内部的道路。基于不同的场所性质，各个场所里的道路类别也有所不同，如商业场所中的商业性道路、社区场所中的生活性道路、公园场所中的游览性道路。

相对城市景观系统中的面性区域和点性节点，道路则属于线性要素，承担着城市空间脉络和景观轴线的重要作用，被看作是体验城市景观的基本路径。道路以车行速度、尺度为参照进行交通空间组织，使其有助于展示沿途区域的景观形象，形成独特的道路景观标志。

1. 道路景观基本构成要素

根据道路景观的性质，道路的景观要素分为自然景观、人工景观和历史景观，根据景观与人的距离，道路景观要素分为近景、中景、远景、对景等。自然景观包括保持自然性的山体、水体和植物，山体往往处于远景位置，如果没有建筑物的遮挡，将构成道路景观中优美的轮廓线。人工景观包括沿街建筑物、建筑小品、雕塑、灯具、广告牌、休息椅等。建筑物由于体量大，往往会遮挡一部分远景，形成道路空间的主界面，因而对道路景观轮廓线的影响最大。历史景观是道路空间中具有历史价值的人工构筑物、建筑物和道路设施。在西方城市中，具有宗教意义、纪念意义的教堂、纪功柱、凯旋门等作为历史景观，常常成为道路的视觉焦点。

为了进一步展开对道路空间的认知以及对交通场所的景观公共艺术设计的把握，我们可以对道路的景观要素进一步细分，在前文论述的基础上，道路景观可以被视为由基面、街道墙、顶面、设置物及绿化五项要素组成。这五个方面勾勒出了道路的景观轮廓，也是道路景观规划设计时的主要设计对象；道路景观风貌的丰富多彩，主要通过这五项内容中的某一项或者几项的不同特征来予以体现。

（1）基面。早期中国城市的街道基面主要采用夯土材料，并采用人车混行的交通模式。西方城市早在古罗马时期，街道即采用人车分置的交通体系，道路基面两侧设置路缘石和人行道。随着社会的发展，西方城市较早地采用柏油和水泥基面材料，甚至采用了更高级的花岗石、条石、铁力木等材料，并且街道基面具有排水设计、铺设路灯等设施。

根据承担的功能不同，基面必须采用与之相应的材料和宽度，机动车通行的街道，要求基面具有坚实的耐压强度和平整的表面特征；适用于步行的街道，基面则要求具有特殊的肌理、视觉的美感和细腻的细节。

随着环境意识的加强和生态设计在城市景观中的运用，对基面材料的选择也逐步倾向于生态化，许多新型绿色材料得以应运而生，特别是透水性基面材料得到越来越广泛的应用。在道路景观设计中，对基面的特别设计，可有助于塑造道路景观效果，有助于限定空间、标志空间、增强可识别性，也可以通过对基面的处理改善道路的尺度感，或通过对一块基面的特殊处理使室内空间与实体相互渗透。

（2）街道墙。由于街道空间一般由两侧建筑物限定出来，面临街道的建筑物立面形成了垂直界面。对界面采取适当的控制有助于提升街道的空间属性、景观质量和视觉感染力，我们常把这种界面称为街道墙。

由于文化特征与气候条件的差异，不同国家和地区的街道墙往往呈现出独特的景观风貌。比如在德国威斯玛商业区，有的步行街道尺度窄小，沿街的商铺建筑立面为求得面向街道的均等关注，普遍采用大进深、小宽面的方式建造。对尺度窄小的步行街来说，面向街道连续展开的建筑墙体大多窄而高，而且轮廓形状迥异，颜色丰富多彩，这使得窄小的街道与高耸的建筑在整体氛围上鲜明而不失和谐、多样而不乏统一。再如中国皖南顾村落渔梁，贯穿整个村子的主街道，两侧街道墙采用木结构、坡屋顶、白色主墙面的形态连续展开，街道墙面向主街还有若干进退，形成空间多变、尺度宜人的优美街道景观。

建筑立面对街道面貌所产生的作用和影响，可以使我们得到很大的设计启发。加拿大魁北克的 Cap-Rouge 崖壁早于 2003 年出现部分坍塌，为保护沿途道路及附近的区域，便建造了一个临时性防护设施。而后，北美最早的法国殖民地历史遗址又在该处被发现，围绕着考古工作所展开的挖掘更使 Cap-Rouge 崖壁加剧了已有的侵蚀。在这种现实背景下，当地政府建设了永久的防护墙来保护此处的历史遗迹，同时保障当地居民及游客的安全。该项目最初仅涉及在崖壁顶部安置加固网袋并覆盖植被，而崖壁底部设置的防护墙只是具有防护功能的普通混凝土墙体和围网，之后设计师在混凝土墙体表面覆盖了自然风化的耐候钢板，钢板的年代感使人不禁联想到海浪和冰川对崖壁的长久的冲刷和侵蚀。纪念墙上镌刻着节选自旅行家卡蒂亚和罗贝瓦勒旅行日志的文字，讲述着他们建造第一个法国殖民地的梦想。正是由于纪念墙雕塑般的形态和内嵌的照明系统，使原本普通的防护墙逐渐演变成了一件用于纪念历史的现代艺术作品，形成圣劳伦斯河沿岸四季俱佳的沿途景观。

（3）顶面。街道墙顶部轮廓限定了街道空间的第三个层次，即顶面。顶面与基面相呼应，顶面的形态揭示了街道的尺度、宽度和性格特征。在传统聚落中，街道顶面的宽敞程度与地域气候特征密切呼应，南方地区日光充足、气候潮湿，遮阴、防潮问题的解决是生活环境舒适的一个重要前提；在这种风土特征下，狭窄的街巷成为遮阴和拨风的重要措施，狭窄、形态多变的街巷使得顶面明显有别于其他地方。

（4）构筑物。构筑物包括街道景观公共艺术、街道设施、街道家具等，这些环境要素都在景观环境和景观公共艺术的范畴之内，是构成街道完善功能的不可或缺的主要内容，同时也具有很高的美学景观属性。街道构筑物的完善与否对街道景观的完善意义重大。归纳出来，街道构筑物可以分为三种类型，即功能性设施、信息性设施和观赏性设施。功能性设施包括座椅、电话亭、书报亭、候车亭、休憩亭、垃圾桶、邮筒和灯具等；信息性设施包括导游图、指示牌和告示板等；观赏性设施包括花坛、喷泉、水池和雕塑、壁画、景墙等公共造型艺术。当然，从公共艺术这一视角来看，功能性设施和信息性设施也应该具有观赏性，其造型和色彩是同样重要的。

构筑物也可以形成良好的道路景观导视功效，将阻碍、影响路人视觉的不良因素虚弱或化解。由广州土人景观团队设计的天河智慧城导视景观，就面临着如何将环境中的不良景观因素移除的现实问题。在天河智慧城核心区内的高唐大道和云溪路交会处，有一块圆形绿色交通环岛。一方面，环岛直径为80m，内部树木植被充盈，可在偌大的场地内，却坐落着3座220kV的高压电塔，突兀的塔身和密集的高压线显然给路人的视觉带来极大的不良影响，更对该区域的景观风貌影响甚大。另一方面，该环岛位于园区主要入口，作为重要的交通汇集场所，缺少导视性强、辨别度高的标志物。介于这两点现实问题，对设计师该如何通过设计来改变环岛环境现状来说，具有很大的挑战性。设计师在尊重环岛现状的前提下展开方案分析，力争在现状基础上做出调整和完善。最后在环岛上以若干段高2m的钢板组成线注环形字体雕塑，围绕着环岛形成连续且富有韵律的视效。钢板字体上的颜色对比丰富了小空间场地的空间色彩，其体量感和色彩感对人的视觉起到了很好的景观彰显和交通导视作用，从而优化了车辆驶过时的视觉和心理感受，极大地弱化了电塔给人带来的负面影响。

（5）绿化。道路绿化是构成道路景观的重要内容，它为原本生硬的城市道路添加了软质的效果，并对道路的特性进行了补充和强化，也是道路景观生态性的一项重要体现。同时绿化对道路交通的安全性也起着重要的作用，如防眩作用及防噪声污染等。

此外，采用不同的绿化方式有助于加强道路的特性，而使不同的道路区分开来，道路要求具有连贯性，而绿化则有助于加强这种连贯性，同时也有助于加强道路的方向性。为了创造道路的舒适特征，道路绿化的强调显得很有必要。绿化树种应尽可能采用地方乡土树种。采用乡土树种作为道路绿化的首选有着诸多优点：一是可以强化地方特征，使道路景观具有可识别性；二是与当地风土环境相适应，容易成活，可以降低后期维护费用。

道路绿化与其他景观元素相协调。绿化应当根据道路性质、沿路建筑及气候、地方特点要求等作为道路环境整体的一部分来考虑，单纯作为行道树而栽植的树木往往收不到很好的效果。

以上所论述的道路景观基本构成要素是构建交通场所空间环境不可或缺的组成部分，在交通场所的景观公共艺术设计中，道路景观构成要素对整个设计过程的影响是极为重要的。

2. 道路景观公共艺术设计导向

总地来说，道路的景观公共艺术设计导向包括实体、空间、视线三个方面的内容，具体来看，道路的路面（供车行的交通路面）、道路边界（路缘石）、道路两侧的人行道、绿带、建筑景观；从道路望过去的近景、中景、远景、对景，这些都是道路景观公共艺术设计要考虑的因素，除此之外，道路的交叉口以及交叉口处形成的扇面区域，也是道路景观公共艺术规划设计中的重要内容。

（1）实体景观。实体要素主要指限定道路空间的物质性要素，比如基面、建筑、地形、绿化、雕塑、景墙、街道家具等。在此需要强调的是道路景观的实体要素特征应与道路所在地方的自然、文化、气候特征相适应，道路景观的特征应植根于当地具体的风土特征。另外，道路的各种实体要素内在要求多样、形态特征差异较大，因而如何统合诸多道路实体要素的形态是道路景观设计中的一项主要内容，而公共艺术设计如何与诸多道路实体景观要素相契合，这是摆在每一名设计师面前的思考题。

（2）空间景观。道路本身属于城市空间的一个类型，道路正是由于其"空间"特性才能发挥其人流、物流、信息流走廊的作用，道路的空间景观是道路景观设计不可回避的重要方面。道路的空间要素主要包括用于通行的流动空间，用于停留、休憩的静态空间，用于内外过渡的中介空间三种类型。这三类空间要素对景观设计及道路整体景观品质的形成具有重要的作用，这也是道路景观公共艺术设计必须考虑的因素。

①流动空间。用于人流、物流、信息流通行的流动空间景观属性对流通的效率具有一定的影响，特定形式的流动空间形态会促进或者阻碍某项流通的进行。根据这一原则，可以把道路的空间景观和流通功能协同起来进行设计。例如，对鼓励步行的道路，我们可以通过使道路车行空间曲线（蛇形、折线形）化，使车行空间基面材质粗糙化（例如采用粗缝石材铺面）；或者在车行空间基面上设置限速设施（如车挡、驼峰等）等途径，降低车行速度或者提醒车辆减速，减少对步行者的干扰；同时，在步行空间精心设置亲人的景观公共艺术，配合花木、座椅、灯具等步行支持设施，以鼓励步行交通模式顺利展开。

②静态空间。道路上用于停留、休憩的静态空间主要指街头广场、街道局部扩大形成的活动场地等，在道路景观公共艺术设计中，有意识地对此类静态空间进行打造，有助于形成舒适、美观、充满生活气息的道路空间，并增加道路景观的层次与感染力。

③中介空间。用于内外过渡的中界空间是指临街的建筑入口处的道路局部空间，这类空间的景观质量有助于建立道路与临街建筑之间的有机联系，使道路景观与建筑景观形成有机整体，同时也可增加道路的景观层次。

（3）视线景观。道路的视线景观包括封景、障景、对景、近景、中景、远景等方面。对道路视线景观的了解和分析将有助于挖掘道路公共艺术的景观潜质，形成道路的特色，并使道路景观富有感染力。

①封景。当一个空间向外看的景物和向内看的景物被封闭时，产生的空间包围感最强烈。一个一直望过去通透的景观不能诱使人在行进时停留下来；相反，一个封闭的街景意味着是一个停止点，而且方向上必要的调整诱使减速，这种封闭性的效果可以通过把入口和出口错开来取得。另外，使一条道路从拱门中穿过也是一种有效的、使人到达一个特殊场所感的方法。

封景的具体方法多种多样，比如T形结合、曲线布局、拐角布局等。

②障景。在著名造园家计成的著作《园冶》中，有这样一句精辟的论述："佳则收之，俗则屏之。"意思是说，对好的景物，应想办法把它纳入视线中来；对不好的景物，则应当在设计时想办法予以一定的遮蔽。

障景在古典造园设计中经常用到，在道路景观设计中也是一个很好的途径。其途径在于通过设置景观属性高的要素来遮蔽另外的景观效果差的道路要素。比如，在道路景观改造设计中，对临街景观品质差的建筑，可以采用绘画方式来予以遮蔽，使墙画成为道路景观的前景，靠墙画的作用来形成障景，从而优化道路景观的品质。

③对景。对景是指在道路景观设计中，通过有意识的视线诱导，使道路的方向或者道路附属空间的方向直接向某一特殊的自然或者人文要素展开，这些特殊的人文或自然景观往往具有一定的标志性，从而建立道路景观和标志物的视觉联系，增强道路景观的感染力。例如，巴黎的香榭丽舍大街就以凯旋门为对景；华盛顿的第五大街分别以白宫和国会大厦为道路对景；上海福州路东端以东方明珠为道路的对景。这些对景手法的运用，极大地激发了道路景观的视觉感染力，并赋予了道路较强的标识性。

④近景、中景、远景。近景、中景、远景的考虑在于通过有意识的景观要素的安排，使道路的某些特定视点，在人的视线范围内能够形成一幅层次丰富、具有一定视觉精神的优美画面，从而达到提升道路景观品质的效果。所谓特定视点，主要指道路的重要节点、能够聚集较多人流的场所、街头广场等，这些场所是人们体验城市景观最为经常的地点。

综上所述，交通场所的景观公共艺术设计正是基于交通道路的这一特征，展开对城市社会性和景观性的艺术精神再现，成为交通场所中彰显城市特色的重要景观组成部分。交通道路的尺度、形态、空间以及道路边界处的各环境要素，如建筑样式和序列、景观空间布局、造景元素的运用等都是公共艺术在设计中需要仔细考虑的。英国布莱顿火车站地下通道的灯饰亮化，无疑将一个曾被忽视的城市角落重新呈现在人们面前，并得到认同和好评。这处地下通道景观利用灯光的色彩和动态效果，让该区域的环境品质得到了审美与功能上的双重提升。人们在这条街上无论是驾车还是步行，无不体验到灯饰所带来的愉悦和舒适。老的历史街区重现生机，并与周围的文化场所形成了某种文化上的联系。

如前所述，道路所具有的物质属性主要体现在景观性和空间性上。公共艺术对道路景观的塑造起到极大的作用，使道路形成自身独特的形态，并与周边的景观环境形成互补或共鸣。例如位于沈阳铁西区建设东路公铁桥桥栏上的《晨曲·暮歌》，该作品作为铁西区工业文化长廊上的一组公共艺术，充分展现了昔日老工业区产业工人早晚上下班时自行车流涌动的生动场面，成为建设东路的一道美丽的风景线。而道路在具有物质属性的同时，也具有社会属性。道路可借助公共艺术发挥自身的社会职能，充分体现其社会性。例如出自劳埃德·汉姆罗尔之手的《市区摇椅》，位于距美国洛杉矶当代艺术博物馆不远的两个楼区间。从作品的内容和形式上不难看出，作者意在通过作品警示、嘲讽那些开飞车的人，幽默诙谐、通俗易懂的形式和内容即便在一逝而过的快车道上，也很容易给人留下明了深刻的印象。

第四节　景观公共艺术设计的价值倾向

公共艺术具有的空间职能体现在它所应该呈现出的功能价值上，反之，这种价值倾向也作用于它所在空间的环境性质。不同环境的公共艺术所呈现出的内容和面貌不尽相同。例如，在象征国家权力的公共场所设置娱乐性公共艺术作品，显然违背了作品的价值意义与空间的功能规定。一方面，公共艺术作品的价值倾向决定了它所在的环境、表现方式和性质意义，以至最终能否将它的功能价值赋予民众；另一方面，景观公共艺术在作品诉求上，又可具有其独立性或有所偏重，而不必要求思想内涵的面面俱到，承担所有的社会教化职能。这就可能使公共艺术担当起不同的角色和功能，或使私人性的关注与公共领域的关注通过公共艺术的演义而得以交汇和交流。

当代公共艺术是多样、多内涵和多层次的，其中包括严肃意义的纪念性艺术、体现国家意志与权力的艺术、承载精英意识及文化观念的艺术、反映地方文脉及社群利益的艺术，以及源自非城市化地区的民间及乡土意味的艺术，也有着重显现生态文明以及唯美或娱乐性的艺术。

当代艺术家公共艺术的开拓和利用消费文化为社会服务的空间是十分广阔的。它无论是运用偏重精神引导及具有批评意识的精英艺术方式，还是运用遵循为社会多数人的生活和审美文化服务之原则的现代设计艺术方式，或是运用传统民间艺术的象征性、装饰性的工艺制作方式，都有可能把个人的生活体验和精神理想通过公共文化的平台而与社会公众对话和分享。

一、主题性

一方面，从国家权力角度来看，公共艺术的主题性倾向于意识形态和文化根基，所表达的主题内容通常是核心的、多层面的，具有一定指导思想并能够传达一定精神主旨的。从传统的主题性公共艺术题材内容来看，多以某个我们所熟知的历史人物或事件为设计来源，以纪念碑、纪念墙、遗址的形式出现。一般这类作品具有政治和历史的象征性和纪念性，为了突显意义的重大，通常尺度磅礴，构成形式或庄重肃穆或威严神圣。在传达艺术性的同时更多承担着对政治、历史、文化的记录，具有纪念、缅怀、赞美、歌颂、传承和保护的强大功能。

另一方面，从地域的角度来看，公共艺术的主题性更多指向社会和民众，地域文脉、城市理念、人文精神的内涵和外延都在公共艺术主题范围之内。通常艺术家用主题公共艺术来彰显城市主题文化，这是因为城市主题文化中包含着城市特质资源形成的特质文化，主题性公共艺术的设立也可以被看作是根据城市主题文化构建城市主题空间形态，并围绕这一主题空间形态来发展城市、建设城市的一种文化策略。

主题性公共艺术最具价值精神主旨的传达，大型主题公共艺术最能突显主题内涵和外延，通常能够形成地域景观坐标，并和周边环境一起形成强烈的精神场域。例如，济南泉城广场的"泉标"、青岛五四广场的"五月风"、广州越秀公园的"五羊雕塑"、大连星海广场的"建市百年纪念雕塑"，这些标志物直接拥有了这座城市特殊本质的概括和体现，才得以成为一座城市的代表性景观雕塑。小型主题公共艺术由于尺度较小，以单体的形式出现不足以突显主题性和场域感，通常是在一个区域范围内将几个作品运用连贯或分离的组合方式进行设置，使作品之间相互联系映衬，以此形成特定空间所带来的主题性和场域氛围。还有把一系列形式感和题材都相同或形式不同但题材相同的作品汇集在一处进行展示，也可突显主题性。

现今的主题性景观艺术作品正在逐步扬弃传统的外衣，在表现形式上更注重利用环境资源，使作品与周边环境紧密结合，并融汇了一定的现代文明精神。当然，主题性景观艺术仍旧承载着纪念和传承的功能，但不再是以一种被膜拜的姿态出现，更多是与观赏者之间形成互动的关系，引导民众去关注。在英国卡迪夫市的议会大楼外有一个商船海员战争纪念碑，该纪念碑是为纪念那些曾在第二次世界大战时期自发支援英国军队，并壮烈牺牲的南威尔士商船的海员。这个纪念碑不能用量词"座"来形容，因为它打破了传统纪念碑高大的表现形式，论尺度仅有一人多高。艺术家布莱恩·菲尔用极具技术性的"液压铆接"手法，独具创意地将船体的局部和人脸相融合，创造了这件雕塑艺术品的"纪念碑"。在这件作品中，人物的面容深沉悲壮，和船体融为一体，化作一种悲剧性的永恒之美。围绕作品铺砌的地面砖石上刻有文字："纪念那些死去的灵魂，那些在第二次世界大战中献出生命的商船船员们。"这种表现组合形式所传达出的情感足以超越时空的界限。每到英国战争纪念之日，人们会用花环来装饰这件艺术品一样的纪念碑，以此寄托对死难者的哀思。

另一组具有代表性的作品是"多瑙河畔的鞋"，位于布达佩斯的链子桥和玛格丽特桥之间，国会大厦以南约200m的多瑙河堤岸上。这组作品由60双铁鞋组成，固定在多瑙河的石岸上，由匈牙利雕塑家保乌埃尔·久洛为纪念第二次世界大战时被匈牙利的法西斯民兵杀害的犹太人而创作。1944年，奉行匈牙利主义和法西斯主义的箭十字党发动政变攫取政权，将大批犹太人掳掠到多瑙河畔，命令脱去鞋子，然后枪杀并抛尸河中。2004年，久洛根据当年受难者的遗物翻制还原了60双铁鞋，将其设置在多瑙河畔。

这些鞋子样式各异，有男人的也有女人的，有老人的也有孩童的。在鞋子附近的地面上设有 3 块铁铸标牌，分别用英语、匈牙利语和希伯来语写着"纪念 1944—1945 年间被箭十字党武装分子屠杀并抛入多瑙河的死难者"。整个作品绵延河畔 20 多米，宛如一道纪念长廊。每年的死难者纪念日，人们都会在每双鞋子旁摆上蜡烛，敬上鲜花，或是往鞋子里放入小饰物，以示悼念。

二、文化性

如前所述，艺术的花朵需要文化雨露的灌溉和土壤的滋养，同时，文化也同样需要艺术之花来装扮点亮。两者间相互依托、彼此反哺的关系说明了公共艺术自始至终都要和文化联系在一起，应该把公共艺术事业看成是一种文化实践方式或是文化认知态度。

文化作为艺术的基因，被视为艺术的本质属性。景观公共艺术设计离不开对文化性的挖掘。自中国开展高速城市化进程近 30 年以来，城市建设的显著特征是从规模向质量转型，城市文化水平和文化氛围便是评价一个城市的重要依据。在当下文化艺术相互交融的日益开放进程中，地域文化、民族文化、大众文化、生态文化、科技文化、艺术文化都是 21 世纪最主要的文化现象，也是景观公共艺术设计的宗旨。在设计中不仅要不断探究公共艺术所呈现的文化价值观念，还要不断调整设计思维方式，以文化的审美意识去重建设计理念。让景观公共艺术和所在环境产生内在联系，在弘扬文化精神的同时产生文化影响，让民众体验和感受文化空间价值。

随着当今辽宁老工业区振兴战略的紧密实施，老工业区的文化建设和发展成为关注和研究的热点。如何为当下迅猛发展中的老工业区注入文化内涵，恢复老工业区历史记忆，建立城市人文与场域精神等文化建设问题则显得尤为重要起来。沈阳工业重镇铁西区以此为契机展开老工业基地公共艺术项目建设，选择以公共艺术项目的开发建设来点亮老工业区的历史文化色彩。其中景观部分以工业文化长廊、重型文化广场为主展开建设，形成了以"一廊、一场"为代表的铁西区工业文化格局。

三、观念性

观念艺术形成于 20 世纪 60 年代中期，它的出现颠覆了传统艺术的框架。观念艺术认为真正的艺术作品可以不再具有艺术物质形态，作者的概念或观念的组合也可以是艺术的。诸如行为艺术、装置艺术、大地艺术、身体艺术、表演艺术、影像艺术、观念摄影等都是观念艺术的表现形式。所谓观念性公共艺术即强调设计者主观理念和作品意义，"观念性公共艺术"与"观念艺术"有类似的地方，即这种观念是个人的，并非公共的。

但需要注意的是两者也有不同之处，即"观念性公共艺术"在思想内涵上虽有一定深度，却具有从个人艺术向公共艺术转化的特点。

观念性公共艺术最开始是属于艺术家个人的产物，即精英艺术。所以这类艺术家最初并非公共艺术家。随着表现样式、主题内容不断与公共环境相融合，使得受众面不断扩大，最终转化为具有一定受容力的公共艺术作品。一般观念性公共艺术其内涵不易得到大众的认知，但其形式美感和艺术个性却可以得到大众的认可，因此这类观念性艺术作品易于转化成公共环境里的公共艺术。也就是说并不是所有观念性艺术作品都能转化为公共艺术，作品本身的形式和内容是能否转化的主要因素。此外，精英艺术家的知名度也为其作品在公共空间里进行尝试提供了重要契机。一般观念性的景观公共艺术多以装置艺术、大地艺术的表现形式出现，至于表演艺术、身体艺术、影像艺术则不在景观公共艺术的研究范围内。

美国波普艺术家克莱斯·奥登伯格的设计理念即"艺术是快乐的东西"，他别出心裁地将视角投放到日常生活用品中，从中获得设计灵感，通过将这些生活品巨大化的方式，把世俗的东西转化成一种公共环境雕塑。巨大的尺度使这些雕塑宛如纪念碑一般伫立于公共环境中，但这些庞然大物带给人更多的并非烦琐沉重的思考，而是一种莫名的快乐和享受。奥登伯格的作品具有的大众性足以取代那些传统的、古典庄严的纪念性雕塑。放大的尺度改变了真实事物的形状和意义的同时，也改变了人们的审美观念，人们并没有厌恶这些环境中的构筑物，反而很乐于去接受，因为这些公共艺术作品离我们的生活太近了。所以有人评价奥登伯格的作品是易于被人接受的波普艺术中唯一流传下来的作品。

法国巴黎东北部的拉·维莱特公园中设置着一件名曰《掩埋的单车》的公共艺术作品，该作品由奥登伯格设计创作于1990年。整个作品是一辆巨大的童用脚踏车，车体被分成车把、车座、脚踏板、车轮四个部分，以半掩埋的状态被设置在公园大草坪上。作品的设计灵感源于小孩子年久未用的脚踏车，以半掩埋的形式表现露在外面的现实和掩埋在地下部分的虚幻，虚实相间地分布在地面不同的位置，对人形成极大的心理暗示，以此营造一种虚幻的戏剧性场景。单车各部分零件尺度巨大，其中立着的车把高度有 7.22m，车轮长度有 16.26m，使用钢、玻璃纤维、搪瓷这些复合材料制作而成。这些看似随意散落的单车部件是按照游人的活动流线方向、几何图形构成原理、外环境的功能区域严格设置而成的。这些作品不仅供观赏，稳固的构造也可以让人游戏攀爬。因此，整个公园看起来呈现出开放空间中极具趣味性、戏剧性和艺术性的公共艺术景观。

此外，在奥登伯格的作品中还出现了水龙头胶皮管、印章、汤勺、保龄球等大量的生活用品，这些司空见惯的物品以环境雕塑的新姿态呈现在人们面前，然而却并非仿制一件生活用品那么简单。奥登伯格选用生活用品的目的并非关注日常生活，也并非自己缺乏想象力，而是在于借用普通生活用品将其符号化，用质朴的表现去提高它们的强度，向人们展示普通物品的魅力和威力。可见，奥登伯格的作品具有一定的观念性。公共艺术的设计理念应该基于民众自身的审美欣赏习惯，审视奥登伯格的作品案例，看似艺术家创造了新奇的艺术形式，但事实上却发掘了蕴含在民众中的文化力量，除了对物品的神化和思考之外，他的作品更多的是带给人们参与、共享的快乐。

四、娱乐性

作为公共艺术作品，带给公众的本就该是轻松、快乐、喜闻乐见的事物，因此是否具备娱乐性就变得十分重要了。

五、民俗性

民俗即是民间文化，可以理解为民众在日常生活中所创造形成的一种物质的、精神的文化现象。民俗文化是一种普遍存在于社会生活中的古老传统文化。以民众生活习惯、情感信仰为依托，通过大众参与，反复实践，集体创造而成。民俗的特性在于创作实践这一过程中，参与者并不一定能意识到自己的创作活动会对整个社会产生多大意义、对这种文化的传播起了怎样的作用。这种实践仅仅来源于自身的生活模式、生活习惯，它是在日常中无意识地产生，经由历史积淀，在潜移默化中影响着民众的生活和审美取向。民俗文化体现在日常生活、生产劳作、传统节日、社会组织等方面，其文化表征既有物质又涵盖精神。民俗与日常生活现象有着密切的联系并极具民间色彩，因此它具有深刻、长远的民族精神和民族认同感。

公共艺术作为民众的艺术，需要彰显地方特色、民族风格与时代精神，以此获得民众认同。而传统的民俗文化和当下时代感的融合，会使民众有更切身的感受和体会，在建构公众生活文化上，上述两者可谓相得益彰。首先，民俗文化是大众审美取向的体现，丰富的民间资源使民俗文化需要以一种外显的形式表达出来。这种外显就是民族的文化烙印和内涵。其次，民俗题材是景观公共艺术取之不尽、用之不竭的源泉。我国多民族的生活环境、风俗信仰与审美情趣，呈现出各具特色的民俗文化，如曲艺、舞蹈、服饰、工艺美术、神话传说、民间故事等都可在公共艺术设计中得到充分表现。最后，艺术家在公共艺术的民俗文化表现上需要内外兼修。对艺术家、设计师而言，要想获得群体的文化认同，对民族传统知识结构的认知在当下的设计创作中显得尤为重要，个体对所属文化拥有强烈的归属和认同感，才能充分体会和表现文化，才能影响群体文化并获得认同。

六、装饰性

公共艺术所呈现出的装饰性其实就是装饰艺术在公共艺术作品中的体现。

装饰艺术通过对自然形态的概括、归纳、提炼来组织设计出新的造型变化，如适性变化、特征变化、借形变化等。其造型手法可运用点、线、面、体、色的组合构成手法来进行设计与创作。装饰艺术的情感表达倾向于概念化，艺术语言中的共性成分较多，如装饰图案的抽象变化、形式变化、纹样的韵律和连续性，这些艺术形态无论如何变化，基本都在规范的形制内。因此装饰艺术讲究形式美，具有规范、格律、程式化的特征。

比较而言，装饰的美不会像纯艺术那样表白自我。装饰以一种稳定的运动关系和有秩序的组合形式来平衡生活的情感，在各种形制的变化中将感情升华、凝聚，从而超越现实生活的功利目的。尽管装饰的形式经常是通过某些物体或实用品作为载体而表现出来，但由于它自身的稳定、节奏、规律等特征，它极其符合静中之动的韵律美。装饰艺术不过分强调激情和个性的强烈表达，需要个性服从共性的程度要大得多，那么在共性美的寻求中，装饰艺术家必须强调特征，抓住形象特点，在变化中生存、在变化中完善。

装饰艺术因其形式受概念化情感的制约，常在归纳的几何形、装饰的规范性、适合的变形、抽象的连续性等有节制的造型法则限制中生存，没有理由要求观者全神贯注、精神紧张地来领悟装饰情感的意义，它可以使人在心神松弛、精神放松的情况下完成审美过程。

以上装饰艺术的形式特征决定它传达给人的感受应该是愉快和共享的。尤其在公共环境中，过于个性化的表现势必违背装饰艺术本该具有的魅力。装饰艺术的这种共性恰恰迎合了景观公共艺术的设计原则，两者很容易找到彼此的契合点。

七、功能性

当下，和公共设施相结合的公共艺术层出不穷，设计者常常抓住民众不以为然的细节展开创意，往往在使用的过程中给人以眼前一亮的惊喜。这些功能设施在充分考虑人的行为习惯，生理、心理特征，实用性、安全性、适用性之外又融入了艺术性，在满足公众使用功能的同时以艺术品的面貌呈现出来，给人增添几分审美情趣和享受，给环境带来几分装扮和点缀。对细节的关注说明设计师能够站在使用者的立场上去进行设计，再将艺术的情趣和美妙潜移默化地传达给人们，这种和公共设施物相互结合的人性化表现，使公共艺术在功能性上得到非常大的发挥空间。

值得注意的是，公共艺术所具有的环境属性使它极易被误认作环境艺术或艺术景观。

尤其当造型艺术和公共设施结合到一起时，不免会使人简单、任意地将公共环境中的艺术物质形态理解成公共艺术，如艺术化了的景观绿植、环境设施、城市家具等被一概泛化为公共艺术。的确并非所有公共环境中稍具艺术物质形态的东西都可认作公共艺术，公共艺术虽然和环境、人的关系十分紧密，但毕竟在艺术样式和表现力上是相对独立的。判断一件环境作品到底能否具备公共艺术的特质，还需在日常的设计实践中，以作品的艺术性、场域性、公共性和制度性为依据展开具体分析。

八、临时性

随着公众在公共环境中的自我意识形成，加之城市公共空间的开发，公众与公共环境的关系变得日益密切。于是在公共艺术的长期性和永久性之上，一种临时性的公共艺术跃然出现。相比之下，它具有短期性、流动性、延伸性、突发性、计划性、公益性的特征。

全球著名的"艺术牛节""大象游行"，英国的"复活节彩蛋"，比利时的"撒尿小童——于连的衣装"，再到弗洛伦泰因·霍夫曼的"大黄鸭"等都属于临时性公共艺术，但这种临时性却给人们留下难以忘怀的深刻记忆，而且这种社会影响会随着之后作品和艺术活动的再次更新、展示而继续得到延伸。因此这种临时性公共艺术虽然展示期较短，却具有流动和延伸的特征。

位于伦敦市中心的特拉法尔加广场是英国伦敦著名的市民广场。该广场建于1805年，是为纪念著名的特拉法尔加港海战而修建。该广场地理位置适中，与周边建筑物相呼应，一直以来这里都是伦敦市民举行年度节日庆典和政治游行活动的开放之地，同时也是观光游客眼中的名胜之地，被人们誉为伦敦政治、文化活动的中心。2012年7月，为庆贺伦敦奥运盛会，特拉法尔加广场上的名人雕塑被设计师装点上奇幻的头饰——帽子。这些形态迥异的节日帽子是从21家知名的女帽制造商那里遴选出的，意在通过帽子的装扮，使特拉法尔加广场上的名人雕塑为奥运的到来而在形象上大放异彩，这一提案正是来自伦敦市长鲍里斯·约翰逊的"帽子计划"。这个创意显然带来了预想中的良好效果，其中广场中央的主体雕塑，高约56m纪念柱上的英国海军名将纳尔逊铜像也戴上了带有英国国旗图案的海军帽，帽上还附有一把如同标徽的奥运火炬。在奥运盛会的火热氛围感染下，这些看似有些滑稽可笑的帽子也变得不那么不合时宜了，反而透露出一种人性的可爱，仿佛它们也真真切切地加入欢庆的队列中，让人更加想去亲近这些冷冰冰的塑像了。

有些公共场所专门会预留出一处空间，用于展示临时户外雕塑、装置、景品等形式的公共艺术作品，诸如这类展示临时公共作品的特设区域可以是一片草坪、一块小广场，也可以是一条街路，可以集中展示也可以分散设置。对公众而言，临时性公共艺术作品看似突然出现在公共环境中，给人意想不到的新奇之感，其实从提案到策划、准备到实施，整个运作过程是需要一定时间和人力的。因此临时性公共艺术并非即时展开的，而是在缜密的计划中实施的。

在伦敦特拉尔法加广场四角分别坐落着四个基座，其中三个基座上各自设有一尊英国19世纪著名的人物青铜雕像，体现了强烈的政治权力和社会关系。令人奇怪的是唯独位于西北角的基座上空空如也。这个空荡的雕塑基座建于1841年，最初计划设置一尊青铜的威廉四世骑马像，但因制作经费问题最终没能实施完成。后来在资金得到解决之时，却因为上层在探讨到底该设置何等身份的人物塑像的问题上出现意见分歧，而最终未得到解决，这导致该基座在1841—1999年一直处于空置状态。渐渐地，人们习惯了这个空无一物的基座，仿佛这才应该是它本来的面貌一样。直到20世纪90年代末，第四基座的空缺才得以弥补。

1999年皇家人文学会构想了第四雕塑基座公共艺术项目，这一项目的提出不是偶然的，其背后有两个原因。第一是政治原因。20世纪90年代末期，英国政府把创意产业看成推动社会经济发展的重要国策，当时的英国首相布莱尔组织成立了"创意产业特别工作小组"，意在提倡、鼓励和提升英国经济中文化原创力的贡献度。这一项目正体现了艺术的创意精神，可以达到通过公共艺术提升伦敦城市形象的政治目的。第二是文化原因。公共艺术在英国开展的历史可追溯到20世纪60年代末，有许多在世界范围内有影响的公共艺术作品产生，公共艺术观念在英国已为社会各界接受，主流艺术家已经把参与公共文化建设作为实现其艺术主张的重要渠道。而第四雕塑基座的不完整性，正为当时的艺术家埋下创作伏笔，昔日为国王与国家英雄塑像准备的雕塑基座，为当代艺术家提供了一个跨越历史时空的"特定场地艺术"的命题，能够极大地激发当代艺术家的创作灵感，第四雕塑基座将变为当代公共艺术的试验场。因此，"第四雕塑基座"被誉为世界上最适合做公共艺术的场地。

为执行第四雕塑基座公共艺术项目，伦敦成立了一个专门委员会，这个委员会由各类与公共艺术有关专业的专家组成。委员会主席由英国当代艺术协会主席埃考·艾顺担任，委员分别来自英国与欧洲主要当代艺术机构与组织、教育机构的资深艺术管理专家、资产管理专家、公共关系专家、教育专家、建筑师与当代艺术家，他们将在这一项目实施过程中进行指导与监督。该项目计划每年一件新作品，将这里变成当代艺术家的公共艺术实验场。

临时性公共艺术通常具有一定的公益性，通过作品向社会传达某种信息和意义，多以个人或组织的名义进行作品在公共场所的短期展示。2010年12月底，由国际环保组织"绿色和平"携手北京奥美举办的"我本是一棵绿树"公益活动在北京世贸天阶启动。在活动现场，人们看到了4棵高约5m、呈现艺术造型的大树。大树并没有绿叶的映衬，仔细去看才发觉它们仅仅是用废弃的一次性筷子制作而成的筷子树。这件公益作品的名字叫作《筷子森林》，用于制作的8万余双一次性筷子是由20多所大学的200多名学生志愿者协力从各餐馆搜集而来，并与设计师徐银海一起将它们重构还原成树的模样。4棵没有生命的大树虽然树干挺拔向上、树枝伸向天空，但在寒冷的冬季里却多了几分苍白和无力，让在场的人不禁去回想它们曾经郁郁葱葱、充满生机的样子。"绿色和平"组织就是希望通过这个公益活动唤起民众的森林环保意识，呼吁拒绝一次性筷子消费，以此保护中国原本匮乏的森林资源。

在美国纽约曼哈顿中央公园东南角，曾展示过一组由奥拉夫·布莱宁设计的蓝色云朵图案的公共艺术作品。云彩一共6朵，用铝板打磨加工而成，云朵表面喷涂着3种不同明度的蓝色，并由梯子状的黑色钢梁支撑起来。蓝色云朵让人联想到孩子般的童真纯净，它们伫立在约11m的高空中，与纽约暗淡的灰色天空形成了鲜明对比，使得作品所要表达的意图不言而喻。本次公益作品的展示是在公共艺术基金会的协助下完成的，作为非营利组织，公共艺术基金会经常会帮助那些欲展出自己作品来与民众共享的艺术家们，将他们的作品设置在城市街道上展出。这种临时性的公共艺术作品展示已经成为美国城市环境艺术文化不可或缺的组成部分。

第四章　城市景观中公共设计的基本原理与流程

公共艺术设计是有其自身的原理的,并且还要遵循一定的流程。具体来说,本章公共艺术设计原理主要包含构思与布局、均衡与对称、尺度与比例、色彩与光影、统一与变化五个方面的内容。而流程则要经历初探期的调研分析、设计定位、方案形成以及创作与实施阶段的工作,设计才能得以完成。

第一节　城市公共艺术设计的基本原理

一、构思与布局

(一)艺术设计构思

首先应该确立表现的形式要为环境艺术设计的内容服务,用最感人、最形象、最易被视觉接受的表现形式。公共环境艺术设计的构思就显得十分重要,要熟悉环境的内涵、风格等,做到构思新颖、切题,有感染力。构思的过程与方法大致有以下几种。

1. 创意想象

想象是构思的基点,想象以造型的知觉为中心,能产生明确而有意味的形象。灵感,即知识与想象的积累与结晶,它是设计构思的源泉。

2. 少即多

构思时往往想得很多、堆砌得很多,对多余的细节不忍舍弃。张光宇先生说"多做减法,少做加法"。建筑设计家凡德罗的"少即多"设计原则,就是真切的经验之谈。对不重要的形象与细节,应该舍弃。

3. 象征

象征性的手法是艺术表现最得力的语言,用具象形象来表达抽象的概念或意境,也可以用抽象的形象来表达具体的事物,都能为人们所接受。

4. 探索创新

创新需要避开流行的和惯用的语言和技巧,构思要新颖,就要不落俗套、标新立异。

要有创新的构思就必须有不断进取的探索精神。

(二)布局设计

布局是设计方法和技巧的核心问题,即使有好的创意和环境条件,但是如果设计布局凌乱、没有章法,设计佳作就不可能产生。布局内容十分广泛,从总体规划到布局建筑的处理都会涉及。但是最主要的一点,这些构图都是为了主体服务的。

重心是指物体内部各部分所受重力之合力的作用点。作品所要表达的主题或重要信息不应偏离视觉重心太远。

以上形式法则互相依赖,且交叉、重叠,设计者应在设计实践中根据不同条件灵活处理。

二、均衡与对称

(一)形式法中的"对称"

最直观、最单纯、最典型的对称是一个轴线两侧的形式以等量、等形、等距、反向的条件相互对应而存在的方式。自然界中许多植物、动物都具有对称的外观形式。人体也呈左右对称的形式。对称又分为完全对称、近似对称和回转对称等基本形式,由此延伸还有辐射对称等,如花瓣的相互关系。

(二)形式法则中的"均衡"

形式法则中的"均衡"是指布局上的等量不等形式的平衡。均衡与对称是互为联系的两个方面。对称能产生均衡感,而均衡又包括对称的因素在内。然而也有以打破均衡、对称布局而显示其形式美的。

在环境设计中对称的形态布局严谨、规整,在视觉上有一种朴素的美感,符合人们的视觉习惯。对称可以让人放松,设计中注入对称的特征,可以让人获得视觉和意识上的平衡。但在实际应用中要避免过分的绝对对称,有时不对称因素反而能增加作品的生动和美感。

随着时代的发展,严格的对称在公共设计中已经越来越少,"艺术一旦脱离原始期,严格的对称便逐渐消失","演变到后来,这种严格的对称,便逐渐被另一种现象——均衡所替代"。如果运用对称的形式法则进行总体设计,就要把各设计元素运用点对称或轴对称进行空间组合。

均衡是动态特征,其形式构成具有动态、定量的变化美。在设计中,要充分利用设计对象的客观条件,根据设计元素及与其他元素的空间组合来达到视觉均衡。

三、尺度与比例

（一）环境艺术设计的尺度设计

尺度是指空间内各个组成部分与具有一定自然尺度的物体的比较，是设计中的重要因素。功能、审美和环境特点是决定建筑尺度的依据，正确的尺度应该和功能、审美的要求相一致，并和环境相协调。该空间是提供人们休憩、游乐、赏景的所在，空间环境的各项组景内容，一般应该具有轻松活泼、富于情趣和使人无尽回味的艺术气氛，所以尺度必须亲切宜人。

（二）环境艺术设计的比例应用

比例是部分与部分或部分与全体之间的数量关系。它是比"对称"更为详密的比例概念。人们在长期的生产实践和生活活动中一直运用着比例关系，并以人体自身的尺度为中心，根据自身活动的方便总结出各种尺度标准，体现于衣食住行的器用和工具的形制之中，成为人体工程学的重要内容。比例是构成设计中一切单位大小，以及各单位间编排组合的重要因素。

因此在做公共艺术设计的同时还要考虑到主体建筑物与周围环境的协调比例。只有尺度和比例正确了才能给人亲切舒适的感觉，才能使环境气氛灵动起来，以丰富设计的效果。

四、色彩与光影

（一）色彩设计运用

在公共环境艺术设计中会大量运用色彩与光影元素，色彩在人们的社会生活、生产劳动以及日常生活衣、食、住、行中的重要作用是显而易见的，人视觉的第一印象往往是对色彩的感觉。例如，红色是强有力的色彩，热烈而冲动。

（二）光影设计运用

光影每天都在不断地变化，光源是阳光、月亮或灯光，随着光源的变化，形象和体积也随着改变。没有光线照射，形象就不明显，尤其终年背光的背面小景，其体量和空间感亦差。不同风格的造型术语有"挂光""吸光"和"藏光"等。

音乐喷泉可称为动雕，其通过千变万化的喷泉造型结合音乐旋律及节奏、音量变化、音色安排和音符的修饰，来反映音乐的内涵与主题。它将音乐旋律变成跳动的音符与五颜六色的彩光照明组成一幅幅绚烂多彩的图画，使人们得到艺术上的最高享受。

充分利用有利条件，积极发挥创作思维，创造一个既符合生产和生活物质功能要求，又符合人们身心要求的环境。而光影对周围的环境和人的心理感受，会呈现出不同的意义和作用的镜头画面。因此在设计中，材料是一种流动的语言，是视觉的旋律，也透出独特的文化内涵。

五、统一与变化

（一）功能表现的统一与变化

合理地组织功能空间是达到各方面统一的前提。这里包括在同一空间内功能上的统一，以及功能表面的统一。

同一空间内功能上的统一比较好理解，即在空间组织上应该将相同活动内容的设施及场地集中在一起。功能表现方面的统一，是特殊的使用功能需要与环境景观的外观统一。

（二）风格的统一与变化

变化包括风格和特色。公共环境艺术设计要统一于总体风格，统一而不单调、丰富而不凌乱。

虽然将多方因素组织起来且做到协调统一是困难的，但还是需要加强统一。除上面提到的方法，还有两个主要手法。

第一，通过次要部位对主要部位的从属关系，以求从属关系统一。

第二，通过景观中不同元素的细部和形状的协调一致，构筑环境整体的统一。

第二节　城市公共艺术设计的必需流程

一、公共艺术设计创作过程初探

（一）设计调研与分析

景观环境分析：公共艺术景观没有固定的格式，只是针对具体的地域空间、具体的城市景观环境来设计。具体地说，只有当你了解具体地域的历史文化、政治、经济背景和城市景观大环境等整体情况以后，才能根据公共艺术设置的位置进行分析整理、综合研究，最终给出一个正确的设计定位。因为地域间的人文历史文化、民族文化、城市个性、建筑风格、景观环境等都不相同，设计元素也不同，使得公共艺术形式、形态也各异。换言之，是要针对具体的地域空间、具体的城市景观环境来设计和创意。只有在你了解了具体城市的历史文化、政治经济、景观环境等整体背景的基础上，才能设计出与该城市公共空间相吻合的公共艺术景观，使公共艺术景观具有艺术特质，这也是公共艺术景观创作的魅力所在。

平面与功能分析：公共艺术作为环境功能机制的一部分，有一定的功能性。它在人文精神、审美效应上与环境整体相协调，并有着独立的观赏价值，是人们精神与心理安慰的调节剂，起到审美教育的作用。

公共艺术作为地域历史和精神文化的重要传承载体，具有标志性、识别性和展示社会面貌、地域形象的功能。另外，公共艺术还有一定的艺术价值。因此，公共艺术设计要根据功能分析定位，同时对于平面布局应科学合理，对空间尺度、材料色彩等要素均要做详细考虑。

（二）设计定位

收集设计元素：每一个地区都会有丰富的设计元素，历史文化、民族文化、城市个性、建筑风格等中都有一些有用的设计元素。然而，艺术设计并不是元素的简单罗列和相加，而是通过艺术家对这些元素的再创造，形成一个新的符合当地地域文化并与周边景观环境相融合的具有时代特征的审美形态。设计定位主要体现在三个方面。

1. 适应性

公共艺术是依赖于环境而存在的审美形态，必然要在诸多方面与整体环境相适应。具体地讲要与景观环境使用功能相适应，要与建筑以及景观环境风格相适应，要与地域文化、意识形态相适应，也要与区域的历史、文化与地理文脉相吻合，使其真正成为具有地域特征的公共艺术。

2. 注重形式

艺术创作往往是内容决定形式，形式为内容服务。然而现代公共艺术则是把形式放在首位，努力让作品与景观环境在功能、形态、尺度等方面相适应，并追求唯美的造型形态。

3. 强调共性

公共艺术是大众的艺术，所以比较推崇雅俗共赏的大众艺术。公共艺术在形式、题材内容上要迎合公众的趣味，力求使公众在通俗有趣、生活化的审美环境里享受到公共艺术的艺术魅力。因此，极端个性化或属于艺术探讨性的作品从严格意义上讲不属于公共艺术，也是公共艺术设计的大忌。

（三）方案初步形成

针对放置环境的预想效果进行深入研究，使公共艺术作品设计通过这一阶段的反复推敲，形成初步方案。方案制订时首先考虑公共艺术形态与环境的协调关系；其次是把预想效果做得尽可能与将来实际公共艺术景观一致，使艺术家的创意思想得到有效传递。

二、公共艺术创作与实施

（一）创作要求

1. 在艺术的公共领域，作为公共景观的艺术设计应该面对公众的反应，它是大众的、通俗的。正因为如此，公共艺术在形式、题材内容上要迎合公众的趣味，力求使公众在通俗化、生活化的审美环境里享受公共艺术的艺术魅力。因此，极端个性化或属于艺术探索性的作品是公共艺术设计的大忌。

2. 公共艺术不能孤立地存在于公共空间，不能与周边环境景观相脱离，它必须与城市整体风貌、社会背景、地域文化相融合，成为整体景观的有机组成部分。因此，公共艺术设计不但要认识艺术本身的特殊性，而且还要站在大环境视角下全面认识公共艺术的造景规律和方法，否则公共艺术将失去其作为提升特定环境品位的意义。

3. 把握好材料与环境的关系是公共艺术与建筑以及景观环境达到完美统一的关键。对于公共艺术，材料不仅可以完成作品本身的形式美感，而且能更进一步完成艺术家对建筑以及景观环境的理解和情感的寄托。首先材料的颜色和肌理要与建筑以及景观环境相协调；其次必须考虑材料的耐久性，作为放置室外的构筑物，任何非抗腐蚀材料都将在短期内消失，最终失去其意义。

（二）公共艺术作品放大制作

公共艺术作品的放大制作原则上可以由雕塑工厂来完成，但是，由于工厂的技术所限，一般具象形态的都得由雕塑家亲自放大，抽象形态的也得在雕塑家指导下按定稿及相关图纸完成。不过，在放大制作的过程中，还有大量技工类工作，这些就由这些工种的技工来完成，如翻制工、焊工、木工、石工、金工等。

第五章 城市公共设施的新颖设计

公共环境设施设计是伴随着城市发展而产生的，集工业产品设计与环境设计为一体的新型环境产品设计。公共设施的存在与演变体现了人类的文明程度与城市的发展程度，同时公共设施的性质又与城市的环境性质相一致，具有文化性、多元性、特定性的设计特点。它是城市空间不可或缺的元素，是城市的细节设计。

公共建筑、公共场所包含的门类繁多，随之发展、与之配套的还有实用功能的饮水机、路灯、指示牌及设计新颖的现代环境设施的自助系统、电话亭、公共汽车站、儿童游乐设施等等。

第一节 城市照明设施的创新性设计

伴随着城市经济的起飞，灯光文化已成为城市中一道亮丽的风景线，闪烁人心。人们走出家门，走向精彩的不夜之城。照明不再是单纯的工具需要，而发展成集城市照明、装饰环境于一体的公共景观艺术，成为创造、点缀城市空间的重要因素。光明，改变了城市面貌，成为精神文明的镜子。

一、城市照明的类型

城市照明按照功能可以分为功能性和装饰性两大类；按照设置位置可以分为交通照明、广场照明、庭院照明、水下照明，以及建筑形体照明等，具体来说就是路灯、广场塔灯、园林灯、水池灯、地灯、霓虹灯、电子广告灯、广告造型灯、串灯等形式。

（一）交通路灯

路灯是反映城市环境道路特征的公共设施，它在城市中涉及面最广，并占据着相当的空间高度，还作为重要的区域划分和引导因素，是公共艺术设计中的重要内容之一。路灯按照不同的分类方法可分为不同的类型，如按照高低不同和尺度差别可以分为高竿路灯、中型柱灯和低位柱灯；按其用途又可以分为步行与散步道路灯和干道路灯。

高竿路灯主要用于城市干道、环城大道或停车场，灯柱的高度一般在 4~12m，设计主要以功能为主。

高竿路灯按照灯具的形式，又可细分为横向式高竿路灯和直向式高竿路灯。横向式高竿路灯外形有琵琶形、流线型、方盒形等，其特点是美观大方、反射合理、光分布良好。

塔灯又称高柱灯，高度一般在 20~40m，设于城市交通要道，成为交通枢纽的标志。

道路灯灯柱高度一般在 1~4m，并设于道路一侧，一般为等距离排列或自由布置，适用于城市支道、散步道或居住区小路，也常用于广场交通区域。它的光照比较柔和，表现出强烈的装饰性。

（二）庭院照明

庭院照明，指在人们休闲公共场所的照明。它的设计一般应采用低调方式，照明强度不宜过大，灯具造型要简洁雅致，用于表现一种亲切温馨的气氛，给人以艺术的享受。庭院灯灯头或灯罩多数向上安装，灯柱和灯架一般设置在地坪上。灯柱多用石材或铸铁材料制成，灯具多采用乳白色玻璃，以获得自然亲切的效果。

庭院灯按位置不同可分为园林小径灯、草坪灯、水池灯等。小径灯高 1~4m，置于小径边，与树木、建筑物相映生辉，追求一种幽雅的意境。它的造型自由度高，有欧式、日式和中国传统样式，也有古典和现代样式等。为展现草坪开阔的空间，草坪灯一般比较低矮，灯具位置在人的视线之下，高为 0.3~1.0m。灯光柔和，外形小巧玲珑，有的还能播放动听的乐曲，令游人心醉。

水池灯设置于水池之内，密封性要求特别高，常采用典钨灯作光源。点亮时，灯光经过水的折射，产生色彩艳丽的光线。

地灯是指埋设于园林及有关地段地面的低位路灯。地灯像宝石那样镶嵌在道路或构筑物的内部，含而不露。这种地灯设计隐藏了自身的造型和光源的位置，只是勾画出引人入胜的地景。

（三）广场照明

广场照明通常采用路灯、地灯、水池灯、霓虹灯以及艺术灯相结合的方式，有些处于交通枢纽地段的广场也常常设置高柱的塔灯等。广场照明应突出重点，许多广场中央设纪念碑或喷泉、雕塑等趣味中心，照明设置既要照顾整体，又应在这些重点部位加强照明，以取得独特效果。

（四）水下照明

水下照明，一般是在广场、大厅及庭院等空间中设置。灯光喷水池或音乐灯光喷泉可以呈现出姹紫嫣红的美妙幻景，取得光色与水色相映成趣的效果。水下灯的光源一般采用 220V、150~300W 的自反射密封性白炽灯泡，并具有防水密封措施的投光灯，灯具的投光角度可随意调整，使之处于最佳投光位置，达到令人满意的光色效果。

（五）霓虹灯

霓虹灯是现代城市夜生活中的佼佼者，它以多变的造型和艳丽的光彩被现代都市人广泛应用于广告、指示、娱乐场所及艺术造型等许多方面。霓虹灯具有细长的灯管，并根据需要变换成各种图形或文字；在霓虹灯光路中接入控制装置，可取得循环变化的色彩图案和自动明灭的灯光闪烁效果，给夜空带来不尽的光彩。

（六）其他灯具

灯光照明的类型除了上述的五个门类外，还有如冰灯、灯笼、组灯等。冰灯是一种寒地灯饰艺术，通过雕刻、塑型、建筑等手法，可以创造出一个整体的冰雪艺术世界，这在我国东北地区广为流行。

灯笼是我国传统的灯饰艺术，以竹子、钢筋等形成笼骨，用纸或现代的化纤材料做罩面，可以创造出千姿百态的造型，夜色朦胧中别具东方情调。

组灯是以组群的方式来形成灯的造型，具有雕塑效果，并强调艺术性。灯光与现代材料、技术、环境、意境结合，可以创造出多彩而又神秘的艺术氛围。

二、城市照明的设计

城市照明并非一个单纯的灯光问题，往往涉及环境空间的各个方面。因此，它又是一种名副其实的公共艺术。城市环境照明设计的具体特点和要求如下：

（一）合宜的照明度与质量

灯具设计的材质要求：一是要富有时代感。灯具造型与材料应尽量体现现代科学最新成果与文化风貌。二是要尺度宜人。灯饰的尺度应符合特定功能与空间环境的合理关系，比例配置相当严密。三是坚固耐久。要求尽量选择耐久性能精良、便于维修更换的形式与材料。

在城市照明设计中，照明尺度的把握是涉及灯具形式美的重要环节，必须周密安排：一是灯柱的高度应与周围建筑环境相协调；二是灯具与灯柱各种组合因素之间应相称、呼应、互为补充；三是灯具本身应匀称、整齐、得体；四是亮度要与特定的环境氛围和特种功能相符合，发挥目标作用。

（二）营造和谐的环境氛围

灯光文化有一个很重要的特点是，必须体现城市环境的文脉、地脉特色。灯饰造型应具有强烈的地方、区域、民族的特点，恰当地提取代表地方文脉的符号、标志，体现出市民共同的心愿；城市照明还得顺应城市的地形地貌，融入人文环境、社会环境，体现滨海城市、山城、边陲等不同类型城市的特点。例如北京、西安等古老的平原城市，街道相当规整，古色古香，灯具设计应恰当地运用传统形式符号并推陈出新；新型的现代城市，如深圳、大连、青岛、珠海等依山傍海，城市格局洋溢着浓厚的西方情调，其灯具造型自然应呈现西洋风采，并尽量融入自然，展现其独特的地理与人文气息。

第二节 公交站台多变性设计

随着城市的快速发展，人们的生活节奏变得越来越快，公交车作为人们出行时必不可少的交通工具扮演着越来越重要的角色。公交车能否按时快速地运行，公交站台美观、舒适与否是人们越来越关注的焦点。

公交站台的设计材料：运用玻璃与不锈钢等现代材料来营造美观、舒适的公交站台。整个外观曲面体现玻璃的飘逸、不锈钢型材的硬朗。

公交站台的设计要点：站台顶局部采用玻璃顶棚，直接把阳光引到站台内部，最大限度地与外界结合。立面上部的电子显示器，可显示各路汽车现在在路面上的运行情况，两侧的公交线路指示牌可使乘客方便快速地了解汽车的到站时间，减少乘客的无谓等待时间，提高效率。站台整体设计高于地面，站台口高度与公交车进出口持平，站台一侧的无障碍通道可以使弱势群体方便地上下车。

公交站台可通过深层挖掘城市人文、地理、历史文化，使其独具特色，形成街道景观新亮点。在完善自身布局建设、加强站台管理的同时，最大限度地满足居民出行需求。

第三节 城市座椅与垃圾箱的协调性设计

一、座椅设计

座椅无论是传统的还是现代的，作为一个单体来说，它都体现了一种结构的美、材质的美、形体的美。而当一把椅子处在一种环境中时，那它就应当与环境相协调、相依托。一把好的椅子，如果不置放在相应的环境中，就体现不出其完美性。座椅设计的要点主要体现在以下几个方面：

1.座椅是住宅区内供人们休闲的不可缺少的设施，同时也可作为重要的装点景观。

设计时应结合环境规划来考虑座椅的造型和色彩，力争简洁适用，应注重居民的休息和观景。

2.室外座椅的设计应满足人体舒适度要求，普通座面高通常为38~40cm，座面宽40~45cm。标准长度：单人椅60cm左右，双人椅120cm左右，3人椅180cm左右，靠背座椅的靠背倾角100°~110°为宜。

3.座椅材料的种类是十分丰富的，应优先采用触感好的木材，木材应做防腐处理，座椅转角处应做磨边倒角处理。

二、垃圾箱设计

垃圾容器一般设在道路两侧和居住单元出入口附近的位置，其外观色彩及标志应符合垃圾分类收集的要求。

垃圾容器分为固定式和移动式两种。放置在公共广场的一般要求规格较大一些。

垃圾容器应选择美观与功能兼备，并且与周围景观相协调的产品，要求坚固耐用、不易倾倒。材料的选择也很多样。

第六章 城市公共空间环境分类设计

　　城市公共空间艺术设计，内容包括广场、街道、公园、店面的设计，通过对建筑风格、水体形态、商业环境、城市空间、区域特色、园林绿化与公共艺术设计关系的阐释，从而让读者更好地理解设计中的三大内容：优美宜人的景观、功能人性化、具备生态作用和绿化量。

第一节 城市公共空间环境设计方法

　　城市环境设计是现代城市建设过程中的重要内容之一，科学合理的设计可以提高城市空间的利用率，确保城市公共环境更宜居。本文对城市公共空间环境设计的相关问题进行分析，并且探讨了城市公共环境设计原则和方法，旨在提高城市环境设计水平。

　　我国城市化进程发展十分迅速，城市的人群越来越多，城市空间也越来越拥挤，为了促进城市实现可持续发展，必须要对城市公共空间进行全面设计，使城市公共空间得到最大限度的利用，发挥城市公共空间的作用和职能。就当前我国城市公共空间设计情况来看，还存在一些不合理的地方，对公共空间造成浪费，让本来就比较拥挤的城市地区变得越来越拥挤，没有给人们营造宜居的环境。因此，在城市建设过程中应该要加强对公共空间的合理设计，重视公共空间的效益，促进公共空间设计更合理、更和谐，在保证城市公共空间漂亮的同时，也能更加实用。

一、城市公共空间环境设计的重要性

（一）促进公共空间设计更合理

　　对于城市公共空间而言，科学合理的设计可以让城市变得更加美观，对城市景观进行合理规划。因为公共空间是人们共同生活的场所，所有人都可以在公共空间从事各种娱乐休闲活动，所以公共空间必须要满足人们的需求，而且公共空间的设计也会直接影响城市的没关系，目前很多城市建设都很重视城市景观设计，好的设计可以让城市景观效果更好。

（二）给居民提供适宜的生活环境

宜居的生活环境是人们所追求的，同时也是城市环境设计所追求的，由于人们的生活水平和文化水平不断提高，人们的审美能力也不断提高。在城市公共空间设计过程中应该要考虑到宜居性，让城市公共空间更适合人们生活。

二、城市公共空间环境设计的原则

（一）经济性

公共空间设计是为了更充分地利用城市的公共空间环境，让城市公共空间发挥出其应有的作用，所以公共空间设计必须要坚持经济性的基本原则，让公共空间建设过程中的花费更少，更合理，更经济。

（二）美观性

公共空间设计属于城市设计的重要内容，当前很多城市环境设计都很注重美观性，在公共空间建设过程中可以加强园林建设，栽培不同的树种和植物，让整个城市公共空间的视觉效果更好，给人们带来愉悦的心情。

（三）舒适性

公共空间是人们共同生活的场所，每个人都可以在公共空间活动，所以公共空间是具有大众性的一个场所。在进行公共空间设计的时候要考虑到舒适性，让人们在公共空间可以更放松。比如在公共空间设计中多加入一些休息区域，人们在公共空间参加各种休闲活动，比较疲惫的时候就可以随时休息。

三、城市公共空间环境设计方法

（一）注重"城市居民体验"

在城市公共空间设计过程中，应该要注重居民的体验感，坚持人文精神，首先，提升景观体验，城市园林景观设计是一个十分有发展潜力的行业，因为人们对城市景观的要求越来越高，加上其审美不断提升，所以在进行城市公共空间设计的时候应该要多注重居民的体验，展现出居民的观赏需求。比如很多人喜欢简单的园林设计，所以在进行设计的时候就可以多关注居民的审美需求，不要用太多繁复造型的建筑物来装点公共空间，应该要多突出简单、艺术等特性，注重人们的观赏体验。另外，公共空间是社交的场所。人们在公共空间中可以进行社交，和其他人交流与沟通，所以在进行设计的时候要注重提升公共空间的社交体验感，给人们营造一个适合进行交流的活动空间，比如在对城市公园进行设计的时候就要考虑到公园的舒适性以及社交性,在公园中可以种植绿色的园林植物,同时种植面积较大的草地,让人们可以在草地上交流,也可以在草地上举行各种交互性强的活动。

(二)加强城市公共空间生态设计

公共空间属于城市景观的一部分,在进行城市空间设计的时候首先要考虑到生态性,因为城市环境设计就是为了给人们提供舒适良好的生态环境。由于当前环境污染问题比较严重,考虑到这些问题,在进行公共空间环境设计的时候必须要秉承可持续发展理念、低碳环保理念,进行弹性设计。简单来讲,城市公共空间设计应该要针对当前资源短缺问题进行设计,比如森林资源、水资源等都比较短缺,在进行城市公共空间设计的时候可以从保护水资源、森林资源的角度着手,实现水资源和森林资源的循环利用。比如对城市森林进行重建,考虑种植多种不同的树种,在城市公共空间营造多元化的生态环境,让森林生态系统发挥自动调节作用,解决森林资源短缺的问题。再比如在设计的时候可以考虑对水资源进行重复利用,如建立雨水收集系统,将雨水用于园林景观植被的灌溉,提高水资源利用率,防止水资源浪费。

(三)加强城市公共空间景观设计的创新

就当前城市公共空间景观设计情况来看,未来城市景观设计应该要不断创新,对新的设计理念、设计方法进行应用。比如将垂直绿化、屋顶花园等作为设计的方向,让城市公共空间更好地发挥节能减排、绿化环境的作用,并且还可以提高城市公共空间设计的艺术性。另外,由于城市公共空间是人们生活的主要场所,活动内容丰富,比如社会学、公共健康等,所以在城市公共空间设计过程中要融入艺术实践,还可以结合现代化信息技术、科学技术,让公共空间的智能化程度不断提高,满足人们的日常生活需求的同时,也能让人们体验到高科技带来的便捷性。

第二节 城市公共空间环境设计的创新

城市公共空间环境设计不断推动城市化的迅速发展,每一个城市都可以在环境建设的基础上进行合理规划。在城市建设的过程中,城市公共空间环境设计不可分割,城市公共空间环境设计可以为城市提供充足的了解和分析渠道,应制定出科学合理的规划方案。在我国城市的整体建设中,中小型城市作为推进城市化的载体,渐渐起到无法替代的作用。我们需要找到城市科学发展的规律,不断推进城市化进程,为建设新型城市贡献自己的力量。

一、将"学科技术"作为交叉的景观技术创新

（1）结合数字技术

以"学科技术"作为交叉的景观技术创新将会为景观设计提供更多的可能性。首先要强化与数字技术的结合点，数字技术具有比较强的时尚性和前瞻性，将环境设计与数字技术结合起来，整个城市的空间环境设计更加具备现代化。如果能够单独凸显时尚感，在具体作用中将发挥更强的效果。

（2）结合公共艺术实践

城市的公共空间主要是为居民提供休闲娱乐的场所，在环境设计的过程中需要考虑到居民的活动范围和娱乐内容。群众的交流活动包括健康、教育等方面，所以在实践的过程中需要将公共艺术实践与环境设计结合起来，只有这样，才能够充分发挥出城市公共空间的作用和价值，凸显出环境设计中的艺术实践。

（3）结合园艺技术

从当前的状况来说，屋顶花园以及绿化带已经成为城市发展的重点项目，因为这样的环境建设能够为城市提供节能减排的绿色空间。设计人员利用屋顶花园和绿化带能够将城市与自然元素完美结合。在具体设计中，将园艺技术与环境设计结合起来，只有这样，才能够创新环境设计的时效性。

二、体现"城市自然"的目标

（1）保持生物多样性

在城市公共空间的设计中要注重自然生物的多样性，从多重角度对环境进行设计，让城市公共空间的自然属性以及生态特点得到体现。所以在设计的过程中要和生态挂钩，项目建设设计生态先行，只有这样，才能够让城市的公共空间设计更加具有"自然城市"的内涵。

（2）做好应对资源短缺的设计

从我国当前的社会资源需要来看，森林资源、水资源等均出现资源短缺的情况。在城市公共空间设计的时候可以从两方面进行：首先要对森林资源进行建设，在公共空间环境中能够合理地规划地区建设，将森林植被作为主要内容，只有这样，才能够让公共空间成为森林建设的主要场所；在城市公共空间环境设计的时候要充分利用水资源，通过设计收集雨水的系统可以对降水进行充分利用，这样的设计可以改善空间环境，提高

城市生态循环系统利用价值。

（3）结合能源再生设计

从我国当前的数据统计来看，城市能源的消耗量占总消耗量的75%以上，对于能源的利用和控制十分显著。所以，在公共空间设计的时候需要做好各个资源空间系统的明确分工，这对城市的公共空间可再生资源起到十分积极的作用。例如在公共空间中的风能、落叶等均可以通过具体方案进行回收利用，城市公共空间便成为可再生能源回收的场所。

（4）做好弹性景观

从当前的情况来看，极端天气、温室效应等恶劣状况频发，导致环境问题对人类的生活影响越发加大。基于这样的状况，在城市公共空间设计过程中需要加入可持续发展的理念，并将其作为主体规划，只有这样，环境景观才能够更好地应对以上环境问题，并且在具体的作用中发挥出更加显著的效果。利用多重景观设计能够有效调节公共空间的环境，并且根据相应的环境问题提出有效解决的方案。

三、结合"用户体验"的人文精神

（1）突出社交体验

城市公共空间的主要作用是为居民提供活动和交流，在环境设计的时候需要重视空间的社交功能。例如公园就是人为景观的一部分，在具体的活动中，可以通过观察他人的活动进行自己的活动直至加入到活动当中，这就是一种城市公共空间的社交感。在进行公共空间环境的设计过程中，需要对这种体验的感觉进行放大，只有这样，才能够加强环境设计的实践性。

（2）加强定制体验

城市公共空间的定制体验是将"以人为本"理念进行具化的过程。空间的规划者应当对居民的身体和心理条件进行考虑，设计出具有个性化的场所和环境，只有这样，才能够满足大家的需要。尤其是在公园设计中要突出空间花园的设计，确保病人可以在其中得到身心的放松，只有突出"以人为本"的体验感才能够充分体现人文精神，突出环境设计的人文情怀。

（3）突出景观体验

从当前的状况来看，城市公共空间的景观发展反映出人们对特定环境中的体验和追求，以景观的体验作为环境设计的创新表现十分突出。就当前的园林设计来看，其反映出居民对景观的观赏性需求，城市的公共空间设计也将延续这个理念，城市公共空间环境的主体变成了城市的居民，所以要求体验性也更加丰富。基于这样的状况，在城市公共空间的具体设计过程中，需要以景观体验为主，同时考虑到交互艺术以及数字艺术等因素。如果能够突出景观的体验感，可以更加凸显环境设计的人文精神。

（4）突出事件体验

当前的社会体验式消费正在持续升温，对于大众的空间感，将会赋予个人的特殊体验关注度。如果能够将社交体验作为城市公共空间的常态化状态，空间内的体验活动例如文化活动、体育活动都将成为整个城市空间中定期激活的事件。将事件中的体验与空间结合起来，使得公共空间的活力得到长期保持。从事件体验的角度突出环境设计，需要对事件发生的必要程度进行考虑，例如对公园内体育锻炼设备和文娱场所进行重点设计，让城市公共空间环境设计更加完善。

第三节　公共艺术设计与环境相融合

一、公共艺术设计与建筑风格

建筑外观主导着城市空间的设计特色和审美趋向，是城市环境中最醒目、最基本的构成因素。设计要因建筑风格、功能而异；要因人、因地、因时而有所区别，使建筑与公共艺术更加融合，使空间环境得到进一步升华。

二、公共艺术设计与水体形态

公共设计应充分利用水与人的亲和力，创造出丰富的亲水体验。在设计水景形态的同时要考虑到与公共艺术结合，无论是动物造型的点缀，还是无主题雕塑的强化，或是人与水关系的衬托，均使水体的设计在自然的形态上更加艺术化并给空间环境带来意想不到的动感与情趣。

三、公共艺术设计与商业环境

塑造与众不同的商业环境可以有多种多样的艺术形式和各种各样的艺术手法。例如商业城前活泼可爱的景观雕塑，抽象与具象并存，装饰性的或幽默的形象造型，都会让人感觉轻松愉悦。在商业文化的交流与整合中，以公共艺术的艺术魅力，营造"群"和"场"的氛围，并优化和深化这种"群"和"场"的功能作用，只有协调好局部与整体、艺术与环境的相互关系，才能塑造出独特的商业空间氛围。

四、公共艺术设计与城市空间

城市空间是指城市广场、街道、交通枢纽等人流、物流和信息流相对集中的空间。城市广场在人类定居生活的历史中，一开始便成为市民综合活动的场所，以开放的空间给人们提供聚会交流、文化娱乐等各种公共活动的便利。广场的主题决定了艺术设计的定位：有以历史事件的历史人物为题材的，有以装饰性雕塑作为标志的，有以抽象造型作为城市形象的。城市街道作为城市的脉络，是人们生活、交流、观光、购物及休闲的活动空间。而公共艺术作品的体量、形式、材质、色调、风格和具体的设置位置等都以活动空间和谐为原则，在为人们带来愉悦感的同时，能够让人们自由观看、触摸、依偎甚至攀爬等，拉近艺术作品与人们的距离。另外，把常见的生活画面用公共艺术的形式表现出来，构成了城市街头生动真实且极富生活气息的艺术场景。

五、公共艺术设计与区域特色

区域文化的特色塑造，除了满足于环境艺术的美观与整洁外，更需要把握好区域的个性。区域文化特色受制于特定的人文环境和空间物质，正确把握才能展现其独特的艺术魅力，并起到活跃丰富整个区域文化的作用。在题材、风格、造型、色彩、材料的运用与特色的显现中，应与区域的历史文化及地理文脉相吻合，使公共艺术具有地域特征。

六、公共艺术设计与园林绿化

以园林绿化为主的景观空间，往往根据地形地貌的特点来进行规划，一方面利用起伏地形、密植植被、复式林带来隔离噪声、限制交通；另一方面是以绿化为主的景观空间与地形地貌之间进行柔性连接。公共艺术可以通过景观空间序列使公共艺术景点在游览线路逐次展开。在公共艺术小环境设计中，应充分利用植物造景，创造出开敞空间、半开敞空间、闭锁空间、冠下空间、带状空间等多样化空间类型，也可利用对景、障景、隔景、借景、框景等传统造园手法达到空间收放、场景变化的效果。

第七章 城市公共艺术需求专题设计

本章从公共艺术设计的需要出发，分别在城市雕塑、壁画艺术及装置、装饰艺术四个方面做出理论概括及其设计方法介绍，以此作为学习与研究的依据。公共艺术设计是个大课题，几乎在所有公共场所进行的艺术品设计都称得上公共艺术，但因篇幅有限，如绿化设计、水体艺术设计等内容就不做具体探讨了，这里就主要课题进行解析。

第一节 城市公共雕塑分类设计

一、公共雕塑的内涵及特征

（一）公共雕塑的内涵

公共雕塑是雕塑艺术的延伸，也称为景观雕塑、环境雕塑。无论是纪念碑雕塑还是建筑群的雕塑或广场、公园、小区绿地以及街道间、建筑物前的公共雕塑，都已成为现代城市人文景观的重要组成部分。公共雕塑设计，是城市环境意识的强化设计，雕塑家的工作不只局限于某一雕塑本身，而是从塑造雕塑到塑造空间，创造一个有意义的场所、一个优美的城市环境。公共雕塑要想达到创造、优化空间的目标，离不开对环境意识的提炼、合宜的环境母题的凝成、场所空间的组织营造、场所空间特色的刻画和渲染。

（二）公共雕塑的特征

1. 公共性与开放性

由于城市风貌和环境空间的特定要求，一般的公共雕塑都处于室外，融入了人们的视线和接触范围，这就使公共雕塑具有一定的公共性。这种公共性还表现在当一件雕塑艺术品诞生时，不仅给这座城市带来无限生机，同时还给这座城市的每一个人带来喜闻乐见的艺术形式美，以此使人得到精神上的享受。

例如，日本艺术家樋口正一郎设计的红、黄两件雕塑作品《空心管》放置在海边高层住宅的楼宇之间，不仅在形态色彩上调节了社区氛围，在机能上更显出优越的公共性。

社区的孩子们自由自在地在空心的铁管中钻来爬去。这类作品，既活跃了气氛，又使孩子们在尽情参与游戏的过程中得到了美的享受。

此外，公共雕塑往往是在一个公共场所的开放性空间中耸立着的，在广场中、在街道绿地上、在公园里、在街心花园中，或是在公共建筑、桥梁、水面上，都可以看到各式各样的公共雕塑。因此，这些开放性空间的特性，也决定了这些雕塑所必然具有的开放性的特征。在开放的空间里，人们以不同的方式与公共雕塑取得交流。例如沈阳"九·一八"历史博物馆从外观看就是一本打开的日历，是一件极其有震撼力的公共雕塑，同时它的内部又是一个纪念馆，人们在观赏其外部形象的同时，又可以步入其中接受教育。

2.稳定性和地域性

公共雕塑要有稳定的构图，使人们无论从哪个角度审视都能产生一种完美整体的感受。同时，公共雕塑大多数伫立于室外的公共空间中，真可谓饱经风霜，历久弥新，因此公共雕塑不但要有经得起岁月考验的艺术质量，还要经得起风、霜、雨、雪等自然征候的风化和侵蚀而能留存长远，这就要求雕塑材料具有耐防腐蚀性。而这又表现出公共雕塑位置固定、材料耐久以及艺术形式的稳定感。

例如广州越秀公园内的《五羊石雕》（尹积昌、陈本宗、孔繁纬作），口衔谷穗、昂首挺立的大山羊以及环绕在下方的四只活泼的小山羊，从上到下形成了一个稳定的三角形。这种金字塔式的构图突出了主体的高大稳健和简洁的艺术形象，以恢宏的气势、单纯朴实的造型，充满了雕塑的人情味、友爱和和平的力量。

每一个城市都有各自的历史文脉，因此应适当建立历史事件、历史人物的纪念性雕塑，如北京的《孙中山像》、上海的《宋庆龄纪念像》、山东的《蒲松龄像》、法国法兰克福市的《歌德像》等。这种历史事件和历史人物的纪念性雕像突出地表现了公共雕塑的地域性。

此外，中华人民共和国成立后发展起来的现代化工业城市，创作的大多是具有现代形式感、高科技风格强烈的作品，如四川的《生命》、安徽的《起舞》等。这些作品，可使后人感受到前人的生活以及社会的变迁，从而使公共雕塑罩上了一层鲜明的民族地域文化色彩。

二、公共雕塑类型的划分

（一）按照材质划分

由于公共雕塑大多立于室外，须经历日晒雨淋，因此要求制作材料具有耐久性、稳定性的特点，所以一般采用质地坚硬的材料，如石头、金属、玻璃钢、混凝土等材料。

1. 石雕

石材是现代公共雕塑采用最广泛的材质，它们最适宜表现的是体量坚实、整体团块、结构鲜明的雕塑形象。古今中外许多杰出的公共雕塑艺术作品都采用石头雕琢而成。不同石材显示着不同表现力。

大理石石质均匀，具有粒状变晶结构或块状结构，纹理美观易于加工和磨光。其呈白、浅红、浅绿、深灰等多种颜色。纯白色大理石被称为"汉白玉"，用它雕塑出来的作品既光滑又精致、细腻，是上好的品类。花岗岩质地致密、坚固抗压、耐磨性能好、抗风化力强，表面可进行剁斧、磨光加工，呈灰色和肉红色。使用花岗岩制造雕塑可表现出无限的力度感。

2. 金属雕塑

今天的公共雕塑除石材外，还较多地采用金属材料，从铜器到铁器再到各种类型的金属，甚至多种金属结合使用，可谓种类繁多。下面我们选取其中的几种来进行介绍。

铸铜是将液态铜浇注到铸型型腔中，冷却凝固后成为具有一定图形铸件的工艺方法。它质地坚硬、厚重，粗糙中略带有微妙变化，外观斑驳的色彩处理极富历史陈旧感。

铸铁是将生铁浇注到铸型型腔中，冷却凝固后成为具有一定图形铸件的工艺方法。它的材料制作方便，可塑造出刚劲有力的艺术效果。

不锈钢是一种抵抗大气及酸、碱、盐等腐蚀作用的合金钢的总称。它具有良好的化学稳定性，能阻止介质腐蚀。不锈钢及各种合金材料是科学技术的进步发展出来的新成果、新材料，其质地轻盈、光泽强烈、可塑性很强，在现代公共雕塑材料的运用中具有广阔前景。

3. 玻璃钢雕塑

玻璃钢，又称玻璃纤维增强塑料，是一种公共雕塑的新材料、新工艺。它是以玻璃纤维及其制品（织物、毡材等）为增强材料制成的树脂基复合材料，具有体量轻、工艺简便、便于制作、效果强烈等特色。玻璃钢雕塑是通过模具中固化成形的工艺技术制作而成的。

4. 混凝土雕塑

混凝土雕塑是将水泥作为胶凝材料、细沙石作为集料，经搅拌、养护而成型的。水泥凝固后与石材相似，通过扒、拉等多种工艺，可以产生与石材同样的效果。所以，水泥常作为石雕的代用材料。混凝土具有强度高、易成型且造价低等特点。

5. 水景雕塑

水景雕塑在西欧古代就已广泛运用，我国现代公共雕塑发展较快，目前也开始大量采用水景雕塑。其特点是运用喷水和照明设备进行配合，具有变化丰富的特点，与灯光结合后能增添迷人的色彩。

（二）按照形态划分

1. 圆雕和浮雕

圆雕和浮雕是两种最常见的雕塑空间形式。圆雕具有强烈的体积感和空间感，轮廓界线分明，可以让人从各个不同的角度进行观赏、体验，雕塑的主体完全占有一个完整的、独立的空间。

浮雕是介于圆雕和绘画之间的一种雕塑形式，一般都依附于建筑或特定造型的表面。它不像圆雕那样完全占有独立空间，而只有一部分相应的空间，观赏角度也只能从正面或侧面来完成。

根据其起伏程度的不同，浮雕又可分为高浮雕和浅浮雕。高浮雕起伏大，接近圆雕，其体积和空间感是比较强烈的。浅浮雕更具有平面感，是一种接近于绘画的表现手法，它是借助一定的光线和线条、轮廓来体现形象的。高浮雕与浅浮雕时常相互结合，共同出现在同一个空间中，层次丰富而有所变化，是我国传统雕塑常见的形式。

2. 具象雕塑和抽象雕塑

所谓具象雕塑，指的是在艺术表现上基本采用写实和再现客观对象为主的手法。具象雕塑是一种较易被人接受和理解的艺术形式。它具有形体正确完整、形象语言明晰、指示意义确切、容易与观赏者沟通和交流等特点。

而所谓的抽象雕塑，是指打破自然中的真实形象，具有强烈的感情色彩和视觉震撼力。它较多运用点、线、面、体等抽象符号形态加以组合，是西方大城市现代雕塑中常用的方法。

（三）按照功能划分

1. 具有实用功能的雕塑

有些雕塑作品是为公共场所活动方便而设置的雕塑。

2. 装饰性的雕塑

装饰性雕塑，是为现实性环境空间所进行的艺术创作和设计，客观地说，凡是伫立于城市中的各类雕塑都具有装饰作用，但是这里所指的装饰性雕塑，它有时并不指环境具有某种主题，也不表示纪念的人物与事件，而只是一种装饰，使环境更优美、更丰富。

此类雕塑在园林及各类绿地中运用颇广，它装点在都市的构架中，扮演着树立都市形象、提升文化层次的角色。装饰类雕塑有启迪性装饰、高科技构件装饰、园林景观装饰三种。

（四）按对城市环境的依附来划分

城市环境是个大概念，是指市民赖以生存的所在地的周边境况。就其自然性与人工性而言，有自然环境和人工环境之分。从环境设计分支学科来讲，可分为人文环境和生态环境。

1. 依附人文环境的雕塑

这一类雕塑是以当地的人文背景、市民生活习俗、城市历史、民间传说等方面的特征作为出发点，以反射、和谐、衬托的方式与现实环境相对应而进行的相辅相成的设计。依附人文环境的雕塑具有以下特征：

（1）纪念性。人类自古以来就有树碑立传的传统。因此，往往会建造一些雕塑来纪念人物或事件。

（2）原创性。有些雕塑在造型上具有独特的视觉形象。例如"秦始皇兵马俑"则是中国西安的特有形象，这就是原创性。

（3）象征性。有些雕塑象征了当地的精神风貌。

（4）地域性。广州越秀公园的《五羊石像》雕塑，代表了这一城市的名称。美国《自由女神像》是法国人1884年作为国庆礼物送给美国的，它是自由的象征。

2. 依附生态环境的雕塑

这一类雕塑是依附当地的地形、地势、功能区域，利用自然条件或自然材料，依势而作的公共雕塑作品。例如我国南北朝时期依山而筑的云冈石窟、龙门石窟的尊尊石雕；乐山大佛依山而坐，足以显示出地貌、地势就景造像的宏大气魄。

三、公共雕塑与环境的和谐

（一）公共雕塑的设计要求

1. 接近真人尺度

由于现代城市生活节奏快，高层建筑林立，使人被分隔开来，造成了人文负面影响。因而在城市规划中，设立观赏区、休闲区、步行街、绿地等公共空间，并在其间设计雕塑，以求人与环境的亲近感。在设计环境雕塑时，大多采用接近真人的尺度，使观众的可参与性加强。

2. 关注现代人的审美与时尚

城市环境的现代性，促使公共艺术作品不能满足于以往的传统模式，而更应丰富艺术作品的表现手法、材料技法，更加关注当代城市人的审美情趣、审美心理与风尚，只有这样，现代公共雕塑才能和谐地矗立在城市的公共空间中。

（二）公共雕塑的位置选择

公共雕塑位置选择的着眼点首先是精神功能，同时还要兼顾环境空间的物质因素，以构成特定的思想情感氛围和城市景观的观赏条件。城雕一般放置的地点有以下几个地方。

1. 城市的火车站、码头、机场、公路出口。这是能给城市初访者留下第一印象的场所。

2. 城市中的旅游景点、名胜、公园、休憩地。这些地方是最容易聚集大批观众，而且最适合停下来仔细欣赏公共雕塑的场地。

3. 城市中的重大建筑物。雕塑的主题性会在此显得更为明显。

4. 城市中的居住小区、街道、绿地。这些地方的环境和谐、气氛温馨，是最容易让雕塑与人亲近的地方。

5. 城市中的交通枢纽周围。此地虽能扩大雕塑的影响力，但作品不宜陷入局部细节的刻画，而应形体明快、轮廓清晰、一目了然，令人过目不忘。

第二节　城市公共壁画的创新设计

关于城市壁画，我们可以从《简明不列颠百科全书》中得到解释："壁画是装饰建筑物墙壁和天花板的绘画。"现代壁画，是与建筑共存的一种城市景观。它附属在建筑的特定部位，使一道墙、一顶天棚成为一道城市的公共景观线。

一、城市壁画的艺术特性

（一）壁画是环境中的空间艺术

壁画与建筑之间的关系体现在：壁画是建筑设计的继续，壁画在建筑的外墙或内墙上扮演着强化、处理使用功能的角色，并用图像或符号来表现这种深刻特色的关系。

这幅壁画不仅具有恢宏巨制和精巧的艺术特色，更重要的是能与自然环境、历史文脉形成不可分割的呼应与联系。

值得注意的是，壁画与建筑之间的关系并非壁画与建筑的机械相加。壁画是环境艺术的重要组成部分，人们非常重视对环境的创造，极力将自己的思想意识通过环境反映出来，并且运用各种艺术手段加强它的感染力。因此，壁画家、设计师不应该孤立地把壁画作品作为目标，而应该从文化的视觉来注视人们的生活空间。根据环境所必需的物理的、心理的、生理的感受，引进综合性的设计，更注重综合性的意义、环境的整体性、艺术与工程技术的结合，以及人们与场所空间的关系。

（二）壁画是兼容并蓄的装饰艺术

城市现代壁画，不是指一个画种，而是一种公共艺术现象和形态。从设计创作组合的成员来源和成分来说，它包括各个绘画门类以及画种众多的艺术家的投入。

二、城市壁画与材料

（一）壁画材料的分类

1. 天然材料

天然材料包括黏土、石料、木料、毛绒、丝线、麻线等。

天然岩石是人工开采加工而成的，以其独有的形态、色泽、纹理与质感成为现代壁画的常用材料之一。石材分为散粒材、块状材和石制品，如花岗岩、大理石、太湖石、黄石、英石、青石、黄蜡石、石蛋、钟乳石以及各类人造石、仿真石体等。

木材体量轻、纹理美观、色泽自然、加工性能优良，壁画中常用其性能在径、横、截面上作为壁画面层。

黏土具有良好的黏结性、可塑性、吸附性、脱水收缩性和烧结性，可根据壁画的内容与形式将其分为塑性黏土、半软质黏土和硬质黏土，分别应用于陶瓷砖块、模型。

2. 人工材料

人工材料包括铜、铁、不锈钢、铅、铝合金、玻璃、塑料、陶瓷、马赛克、水泥、纤维、纺织品、丙烯、纯金属或合金构成的金属材料，是微小的晶体结构，有光泽、强度高、塑性好；具有鲜明的导体、力学性能和优良的可加工性（压力加工、焊接和铸造等）。常用的壁画金属如不锈钢、花纹钢板、铜等。

玻璃是以石英砂、纯碱、石灰石等为主要原料，经高温熔融后冷却而成的非晶体无机材料，它的光学性能和化学稳定性良好，利用吹、拉、压、铸等多种成型和加工方法可制成各种理想的形体。常用的壁画装饰玻璃，如磨砂玻璃、毛玻璃、浮法玻璃、夹丝玻璃、花纹玻璃、光栅玻璃（在光源照耀下发生物理衍射现象产生七彩光）、泡沫玻璃、玻璃马赛克等。

陶瓷是现代壁画中常用的材料和制作工艺。它具有耐高温、耐磨、耐风化腐蚀、抗氧化、硬度高、强度大等特性。釉是陶瓷的饰面层，彩釉工艺是陶瓷壁画的主要工艺，在现代壁画中常采用的有釉上彩、釉下彩、釉中彩、无光釉、艺术釉等，还有瓷雕、陶雕、陶瓷马赛克、锦砖及各类面砖等。

塑料是可塑性极强的高分子材料，它质轻、坚韧、耐化学腐蚀性好、耐磨、易着色、易加工。壁画制作常用的有泡沫塑料、玻璃纤维增强塑料（玻璃钢）等。

纤维材料是现代壁画中极佳的装饰材料。柔韧、纤细的丝状物，有长度、强度、弹性和吸湿性等特点，可纺成线或编织成织物。

丙烯具有水色颜料的水溶特性，凝固、干结后又具有油漆、油画颜料的抗水性特征，它介于水性和油性颜料之间，是绘制性壁画的革新材料，运用广泛。

3. 成品材料

成品材料，即原材料的制成品，直接用于壁画的有塑料中的面板、纤维中的挂毯和壁毯、各类织品、图形石膏板、胶合板、釉面砖等。

（二）壁画材料的选择与运用

在壁画的设计制作中，所采用的材料会受到一定的局限，这种局限有时恰恰也是它的特点所在。

一般来说，室外壁画材料应结合气候特点，选择耐热、耐寒、耐水、耐光、耐晒和耐久等性能，且不易积污垢、易于清洗、有一定光泽、性能稳定的材料，这类材料应该是硬质材料。

此外，在材料的选择中，色彩也会有一定的限制，可采用各种技法添色加彩。例如锻铜壁画的色彩表现可以通过锻击和腐蚀，使之产生各种肌理效果，加强色彩间的变化，等等。

三、城市壁画的设计

壁画设计制作的全过程是根据业主的意图，利用一定的材料及相应的操作工艺，按照艺术的构想与表现手法来完成这个工程项目。具体来说，城市壁画的设计包括选题与构思、色彩与处理两个阶段。

（一）壁画的选题与构思

选题是从业主（委托人）和使用者的命题范围来着手的。功能性强的壁画，有的业主是直接出题，在构思完成后，利用艺术家的表达方式表现出来。而构思一般分为两个方面：一方面是以理性思维为基础，对建筑载体的内涵进行直接阐述与强调，重视场所精神的事件性和情节性，带有纪念和引导意义；另一方面是非理性的表现，这类壁画大多从宣泄设计者情感出发，表现一种理想和意识，强调装饰效果，是一种带有唯美色彩与抒情性的设计，注重视觉效果对建筑物外部环境的形、质、色等视觉因素的补充和调整。

在壁画的选题构思中，设计师还得不断地从古今中外的文化财富中吸取营养，研究壁画与建筑墙体形态的变化关系，并与当地的文化特征和现实背景相适应，或者依据特定场所功能而展开构思。

(二) 壁画的色彩与处理

现代壁画设计中,色彩处理直接关系壁画的装饰性效果。在普通的绘画中较多地表现出个人风格,允许采用个性化、个人偏爱的色彩;而在壁画设计中,色彩要更多地体现环境因素、功能因素和公众的审美要求。在具体的设计中,壁画色彩的处理要考虑五个方面的因素。

第一,需要特别重视色彩对人的物理的、生理的和心理的作用,也要注重色彩引起的人的联想和情感反应。例如在纪念堂、博物馆、陈列厅等场所的壁画往往以低明度、高纯度的色调为主,可获得庄严、肃穆、稳定和神秘的气氛;而在公共娱乐场所、休闲场所如影院、公园、运动场中则多采用热烈、轻快、明亮的色调,并适当使用高明度、高纯度色调,从而营造出欢快、愉悦、活泼的气氛。

第二,不能满足于现实生活中过于自然化的色彩倾向,而是要思考如何来表现比现实生活更丰富、更理想的色彩,从而实现它的装饰性功能。

第三,还可以通过色彩设计调节环境,恰当地运用不同的色彩,借助其本身的特性,对单调乏味的硬质建筑体进行调节性处理,使环境产生人情味。

第四,色彩设计要从属于壁画的主题,应主观地调整色彩的表现力,通常习惯用某种色彩所具有的共通性——联想和象征去表现、丰富主题内容,美化环境、改善环境。

第五,壁画的色彩设计要从整体出发审视周围环境,强调结构方式,把它们各部分及其变化与壁画完整地联系起来,使气氛自然和谐。

第三节 城市公共装置、装饰合理设计

城市公共空间中,装置、装饰设施的范围十分广泛,主要指具有一定艺术形式和内容的统一体所构成的环境设施小品,如景墙、花坛、座椅、水池、景桥、亭廊、栏杆、铺装、景观雕塑等,作为公共空间中必要的功能和装饰性构筑,具有良好的审美性,也承载了环境中人的行为活动。

公共装置、装饰艺术品被放置在特定的公共空间当中,体现功能性、技术性、艺术性,也要和周围的环境发生关系,因环境的属性变化而在风格、形式上发生变化。

一、公共装置、装饰的作用

现代城市公共装置、装饰艺术品的设计，具有美化城市空间、彰显城市特色、提升外部空间的文化品位以及承载公共活动等作用。

（一）塑造外部空间形态

城市公共空间中的装置、装饰艺术品作为城市外部空间和其景观重组中不可缺少的元素，其对外部空间人性化的尺度和界面的二次调整、空间秩序及层次感的营造都具有极其重要的作用，其形态与组合方式会使外部空间尺度改变，比例与形状的感觉也会有所不同。

（二）显现地方文化内涵

从景观设施与地方文化方面来看，城市公共空间中的装置、装饰艺术品作为依附于特定外部空间环境的构筑，其风格造型与文化表达必须充分显现该外部空间的地域特征，从城市传统的样式、地方风格、材料特征、城市色彩等方面去加以提炼和渗透。

二、不同空间的公共装置、装饰设计

（一）广场装置、装饰设计

广场设计属于城市设计的众多内容之一。城市广场不仅是市民各种活动的载体，而且必须成为城市文化、城市精神的传达者，将人与人、人与社会、人与自然之间的关系客观、冷静地表达出来，让生活在城市中的人有归属感。

（二）街道装置、装饰设计

城市景观的主要构成之一是街道，和广场一样，街道也承担着市民公共活动的场所职责。街道形成了公共空间的边界，它与广场不同的是，由于其空间的狭窄性，更适合生活化装饰设施艺术作品的出现。

例如杭州滨湖国际名品街的改造，抓住了"似曾相识"这一主题，营造出一个带有湖滨特色的全新感受。一条溪流沿商业街穿过，仿佛是西湖的延续，弯弯曲曲的水系打破了商业街呆板的直线型空间，同时又强调了街道空间的整体秩序。板岩驳岸的质朴和自然，让商业空间多了一份生态自然的平和。

（三）居住区装置、装饰设计

现代居住区的景观设计，不仅讲究植物质感与色彩的配置，还要讲究装置设施的选择、景观构筑物的营造、室外家具与小品设计等，以求实现整体环境的最优化。不同风格的小区景观定位决定了不同的装置设施选择，住区景观设计要把握地域文化特点，营造出富有文化内涵和地方特色的小区景观环境，同时住区景观应更具备亲和力，注重小尺度和细部设计，塑造出安全、便捷、和谐的住区景观空间。

当然，多样的外部环境设施、装饰要素之间要做到和谐统一，避免各要素之间产生冲突和对立。深圳万科"第五园"作为华南区域的现代中式第一楼盘，尝试了新中式的景观营造，吸纳了岭南四大名园的风格，辅以现代设计理念，通过"古韵新做"的设计手法，以灰、白基调进行构筑。漏墙设计虚实结合，以冰裂纹的传统纹样夹在白墙中，形成漏墙，在融入传统文化底蕴的同时不留设计痕迹，使居者身临其境，感受到放松、亲切的氛围，体会到家园的美好。

（四）地景公共艺术装置设计

相比环境艺术而言，地景艺术表达的是一种大地景观的诗意化。它试图达到的是将大自然和人类的历史遗迹做一种全新的视觉上的阐释。在现代主义艺术中，地景艺术成为影响19世纪八九十年代风景设计的非常重要的因素。

Northala Fields是伦敦一个世纪以来最大的新建公园，也成为伦敦西部关口的一座"地景艺术品"。设计利用伦敦周边开发项目剩下的施工瓦砾建造了小山坡，节省了700万欧元。新地形的主要特点是沿着北角建立了四座圆锥形土丘，这一地形减少了来自附近公路的噪声、视觉和空气污染的影响，也通过新的地貌和土壤创造了新的生态机会。

三、装置、装饰设计中的围栏艺术

公共艺术的装置与装饰包括许多内容，限于篇幅，我们仅选择其中的围栏进行详细论述。

围栏艺术，反映了城市人群的理想和追求，是人们精神世界的影像。城市装饰围栏，具有规范、分隔空间、组织疏导人流的作用，还具有强烈的装饰性。游客可通过围栏文化窥测这个城市在想什么和要什么，可以了解这个城市的历史和变迁，并预测城市的进步和未来。

（一）围栏的特性

1. 开放与指示性

作为公共艺术设计范畴的城市围栏，大部分处于公共场所之间，坐落在大众生活、交通、商贸等非特定活动的空间。因此，它在设计时就要考虑其广泛性与普及性。所应用的艺术表现形式，应用的装饰纹样，应具有喜闻乐见的大众认知基础，使其艺术性贴近社会、贴近人的生活。此外，城市围栏所处周围环境的差别，使得围栏为区域环境或建筑物之间的组织网络提供了明晰的指示性作用。

2. 系统和服务性

一般来说，围栏应该是具有系统性的。但是由于现在的围栏分别由不同的行政部门、社会组织、企业机构等单位各自负责规划与分头设计、建设、使用和管理，这样，城市围栏就会显得杂乱无章。对此，应该将围栏纳入市政系统工程的范畴中去协调，并将这些纷乱现象系统地整体调理，从而使围栏艺术在功能或外观形态上都与空间环境相统一，形成统一的、并非各自为政的系统形式。

围栏的服务性主要体现在围栏设计中，无论是材料的选择运用还是装饰形态的变化及装饰表现，都体现着一定的服务性功能。如围栏对于城市特点、社会主题、古迹文物、地理特征、展示品等起着视觉引导和说明的作用；马路两边起分隔作用的围栏，是用以告示人们行为和安全规范准则的载体，它负载着方向指示、引导警示的服务性职能。

3. 风情和审美性

由于围栏与周边环境的关系，使得周边环境的自然风貌、人文精神成为围栏艺术风格的基础。同时这些信息的注入，也使城市围栏艺术形成一个统一体，使代表自然风貌的景观与代表人文精神的宗教、逸闻趣事、神话、传说、风土人情、信仰以及企业或团队精神等形成一种围栏文化而成为大众的一种话题。

近些年来，在围栏设计中越来越强调追求实验性的创意表现，也贯穿了相关的视觉传达、造型艺术、装潢设计、装饰纹样、图案学等多种学科形式的作用，由此推动了城市围栏设计的审美发展，为市民增添了不少愉悦，引导着广大市民实现不断提升审美层次和品位。

（二）围栏设计的艺术效果

1. 质感

在围栏设计效果上，一个起作用的因素是质感。所谓质感，是指所选用材料表面的质地和肌理的感觉。围栏材料表面的质感主要从两方面去掌握，一是材料本身，二是对材料的表面加工处理。依仗不同程度的打磨工艺结果，可以获得多种不同效果的表面质感，这些都直接影响了围栏的艺术感染力。

2. 色彩

围栏设计装饰效果的另一个因素是色彩。在色彩的运用上，可以利用一些材料的本色，也可以采用另一种方法，即抛光、打磨、油漆、彩绘、多种装饰抹灰乃至镀铜、镀银、镀金等各类饰面处理。在色彩的运用上，设计师是最大胆、最富有创造性的。

3. 装饰

　　围栏的装饰图案是艺术处理中的一个突出环节，较多地采用雕刻、拼装、镂空、浮雕或者构成排列等方法。不过，无论围栏的装饰设计采取何种图形、图案进行处理，采用何种变化组合规律，最重要的是保持整体的有机统一，才不致造成视觉上的混乱，从而导致根本无形式美可言的效果。

参考文献

[1] 邱孝述. 公共艺术 [M]. 重庆：重庆大学出版社，2018.

[2] 刘洪莲，龚永亮，李梅. 公共艺术 [M]. 镇江：江苏大学出版社，2017.

[3] 苏娜，杨静. 公共艺术 [M]. 南京：东南大学出版社，2017.

[4] 马跃军. 公共艺术 [M]. 石家庄：河北美术出版社，2014.

[5] 曾桂生，贺锦智. 公共艺术 [M]. 哈尔滨：哈尔滨工程大学出版社，2009.

[6] 孙珊，胡希佳，王卫华. 公共艺术 [M]. 济南：山东美术出版社，2010.

[7] 永辉，鸿年. 公共艺术 [M]. 北京：中国建筑工业出版社，2002.

[8] 李木子. 公共艺术研究 [M]. 芜湖：安徽师范大学出版社，2020.

[9] 王燕斐. 日本公共艺术研究 [M]. 上海：上海大学出版社，2020.

[10] 张健. 公共艺术设计 [M]. 上海：上海人民美术出版社，2020.

[11] 高卿. 景观设计 [M]. 重庆：重庆大学出版社，2018.

[12] 孟良成，王红兵，杨帆. 景观设计 [M]. 石家庄：河北美术出版社，2017.

[13] 吴忠. 景观设计 [M]. 武汉：武汉大学出版社，2017.

[14] 马克辛，卞宏旭. 景观设计 [M]. 沈阳：辽宁美术出版社，2017.

[15] 胡俊琦，柳建. 景观设计 [M]. 重庆：重庆大学出版社，2015.

[16] 林瑛. 景观设计 [M]. 合肥：合肥工业大学出版社，2014.

[17] 易俊，黄毅，刘波. 景观设计 [M]. 武汉：武汉出版社，2011.

[18] 陈芊宇，王晨，邓国平. 景观设计 [M]. 北京：北京工业大学出版社，2014.

[19] 荆福全，陶琳. 景观设计 [M]. 青岛：中国海洋大学出版社，2014.